智能家居系统
安装与接线

ZHINENG JIAJU XITONG
ANZHUANG YU JIEXIAN

辛长平　编著

中国电力出版社
CHINA ELECTRIC POWER PRESS

内 容 提 要

置身于安装有智能家居系统的空间里，可以让人轻松享受生活。出门在外时通过手机、计算机可以远程遥控自己的家居智能系统。本书详细介绍了智能家居系统的施工、布线、安装，旨在帮助广大读者了解和掌握智能家居系统的理论和实操。

全书共 8 章，主要内容有综合布线施工规范和常用工具与仪表，智能家居强/弱电配电系统与布线线缆，家居布线施工工艺，智能家居系统总线接口，智能家居系统主要部件的安装，智能家居系统网络控制部件的安装，典型智能家居控制系统的组成与调试，典型智能家居系统安装疑难问题。

本书的特色是在编写上突出操作技能的精炼介绍和实用操作步骤，采用图文并茂的写作方式，使读者看得懂、学得会、理解得透，以达到理论与实际操作技能全面掌握的目的。本书可作为家装电工的实用参考书，可作为职业技术学校的专业教材和教学参考书。

图书在版编目（CIP）数据

智能家居系统安装与接线/辛长平编著. —北京：中国电力出版社，2015.5（2022.7 重印）
ISBN 978-7-5123-7467-6

Ⅰ.①智… Ⅱ.①辛… Ⅲ.①智能化建筑-自动化系统-安装②智能化建筑-自动化系统-电气接线 Ⅳ.①TU855

中国版本图书馆 CIP 数据核字（2015）第 063402 号

中国电力出版社出版、发行
（北京市东城区北京站西街 19 号 100005 http://www.cepp.sgcc.com.cn）
北京雁林吉兆印刷有限公司印刷
各地新华书店经售

*

2015 年 5 月第一版 2022 年 7 月北京第八次印刷
787 毫米×1092 毫米 16 开本 13.25 印张 293 千字
定价 **32.00** 元

前　言

　　智能家居是人们的一种居住环境，以住宅为平台，利用综合布线技术、网络通信技术、智能家居系统设计方案与安全防范技术、自动控制技术、音视频技术将家居生活有关的设施集成，构建高效的住宅设施与家庭日程事务的管理系统，提升家居安全性、便利性、舒适性、艺术性，并实现环保节能的居住环境。

　　置身于安装有智能家居系统的空间里，可以让人轻松享受生活。出门在外时通过手机、计算机可以远程遥控自己的家居智能系统。

　　智能家居系统的功能如下。

　　1. 智能家居系统对照明灯光的随意控制

　　控制随意照明控制，按几下按钮就能调节所有房间的照明，各种梦幻灯光可以随心创造。智能照明系统具有软启动功能，能使灯光渐亮渐暗；灯光调光可实现调亮调暗功能，让家庭环境温馨浪漫，同时具有节能和环保的效果；全开全关功能可轻松实现灯和家用电器的一键全关和一键全开功能，并具有亮度记忆功能。

　　2. 智能家居系统的简单安装

　　智能家居系统可以简单地进行安装，而不必破坏隔墙，不必购买新的电器设备，智能系统完全可与家中现有的电器设备（如灯具、电话机和家用电器等）进行连接，使各种电器设备及其他智能子系统既可在家中操控，也能完全满足远程控制。

　　3. 智能家居系统的可扩展性

　　智能家居系统是可以扩展的系统，最初的智能家居系统可以只与照明或常用的电器设备连接，将来也可以与其他设备连接，以适应新的智能生活需要。即便现有的家居已装修完成，也可轻松升级为智能家居。如无线控制的智能家居系统可以不破坏原有装修，只要在一些插座等处安装相应的模块即可实现智能控制。

4. 智能家居系统数据的安全性

在智能家居系统的逐步扩展中，会有越来越多的设备连入系统，不可避免地会产生更多的运行数据，如空调器温度和时钟数据、室内窗户的开关状态数据、燃气表数据等。这些数据与个人家庭的隐私形成前所未有的关联程度，如果导致数据保护不慎，不但会导致个人习惯等极其隐私的数据泄露，而且关系家庭安全的数据（如窗户状态等数据）泄露会直接危害家庭安全。同时，智能家居系统并不是孤立于世界的，还要对进入系统的数据进行审查，防止恶意破坏家庭系统，甚至破坏联网的家电和设备。尤其在当今大数据时代，一定要注意家庭大数据的安全性。

5. 智能家居系统的子系统

（1）智能家居系统包含的主要子系统有家居布线系统、家庭网络系统、智能家居（中央）控制管理系统、家居照明控制系统、家庭安防系统、背景音乐系统（如TVC平板音响）、家庭影院与多媒体系统、家庭环境控制系统等八大系统。其中，智能家居（中央）控制管理系统（包括数据安全管理系统）、家居照明控制系统、家庭安防系统是必备系统，家居布线系统、家庭网络系统、背景音乐系统、家庭影院与多媒体系统、家庭环境控制系统为可选系统。

（2）在智能家居系统产品的认定上，厂商生产的智能家居（智能家居系统产品）必须属于必备系统，能实现智能家居的主要功能，才可称为智能家居。因此，智能家居（中央）控制管理系统（包括数据安全管理系统）、家居照明控制系统、家庭安防系统都可直接称为智能家居（智能家居系统产品）。而可选系统都不能直接称为智能家居，只能用智能家居加上具体系统的组合表述方法，如背景音乐系统称为智能家居背景音乐。将可选系统产品直接称为智能家居，是对用户的一种误导行为。

（3）在智能家居环境的认定上，只有完整地安装了所有的必备系统，并且至少选装了一种可选系统的智能家居才能称为智能家居。

6. 智能家居系统布线系统组成与控制功能

对于一个智能住宅需要有一个能支持语音/数据、多媒体、家庭自动化、保安等多种应用的布线系统，这个系统也就是智能化住宅布线系统。

（1）安防系统。家庭安防系统包括如下几个方面的内容：视频监控、对讲系统、门禁一卡通、紧急求助、烟雾检测报警、燃气泄漏报警、玻璃破碎探测报警、红外线探测报警等。

（2）遥控控制。用户可以使用遥控器来控制家中灯光、热水器、电动窗帘、饮水机、空调器等设备的开启和关闭；通过遥控器的显示屏可以在一楼（或客厅）来查询并显示出二楼（或卧室）灯光电器的开启与关闭状态；同时遥控器还可以控制家中的红外电器设备，诸如电视机、DVD、音响等——万能遥控器。

（3）电话控制。电话远程控制，高加密（电话识别）多功能语音电话远程控制功能，当出差或在外办事时，可以通过手机和固定电话来控制家中所有"设置"好了的电器。

情景浮现：通过手机或固定电话了解家中电器设备是否正常工作（如电冰箱里的食物等）；还可以查询家中室内的空气质量（屋内外可以安装类似烟雾报警器的电器），从而控制窗户和紫外线杀菌装置进行换气或杀菌。此外，根据外部气候的优劣控制加湿机加湿屋内空气和利用空调器对屋内进行升温，控制除湿机对户内进行除湿。用户不在家时，也可以通过手机或固定电话来自动控制给花草浇水、宠物喂食等。控制卧室的柜橱对衣物、鞋子、被褥等杀菌、晾晒等。

（4）定时控制。用户可以提前设定某些电器的自动开启关闭时间。例如：电热水器每天晚上 20：30 自动开启加热，23：30 自动断电关闭，保证用户在享受热水洗浴的同时，也带来省电的效果。

（5）集中控制。用户可以在进门的玄关处就同时打开客厅、餐厅和厨房的灯光、厨房等电器，尤其是在夜晚还可以在卧室控制客厅和卫生间的灯光电器，既方便又安全，还可以查询它们的工作状态。

（6）场景控制。用户轻轻触动一个按键，数种灯光、电器会在人的"意念"中自动执行，轻松感受和领略科技时尚生活的完美和简捷。

（7）网络控制。在办公室或在出差的外地，只要有网络的地方，都可以通过 Internet 来登录到自己的家中。在网络世界中通过一个固定的智能家居控制界面来控制家中的电器，提供一个免费动态域名。主要用于远程网络控制和电器工作状态信息查询。例如，在出差时可以利用外地网络计算机，登录相关的 IP 地址，就可以对家中的电器使用进行控制。

（8）监控功能。视频监控功能在任何时间、任何地点直接透过局域网络或宽带网络，使用浏览器（如 IE），进行远程影像监控、语音通话。另外，还支持远程 PC、本地 SD 卡存储，移动侦测邮件传输、FTP 传输，对于家庭用远程影音拍摄与拍照更可达到专业的安全防护与乐趣。

（9）报警功能。当有警情发生时，能自动拨打电话，并联动相关电器作报警处理。

（10）共享功能。家庭影音控制系统包括家庭影视交换中心（视频共享）和背景音乐系统（音频共享）。它是家庭娱乐的多媒体平台，运用先进的微电脑技术、无线遥控技术和红外遥控技术，在程序指令的精确控制下，把机顶盒、卫星接收机、DVD、计算机、影音服务器、高清播放器等多路信号源，能够根据用户的需要，发送到每一个房间的电视影音服务器机、音响等终端设备上，实现一机共享客厅的多种视听设备。

影音系统技术，对收藏海量高清电影自动分类、整理本地播放的影片海报 UI 体验。影柜平板端/手机端应用程序，通过局域网可随时将媒体中心的内容同步进行无线自由操控。

客厅的 DVD 影碟机、数字电视机顶盒、卫星电视接收机等视听设备共享到各个房间观看并可以遥控；为家中的 CD/TV/FM/MP3 音源（或数字电视机顶盒、卫星电视机顶盒、IPTV、网络在线电影、DVD 等）音视频设备解决共享问题，为用户解决音视频设备的异地遥控、换台、音量操作的问题，如同在卧室安装一个数字电视机顶盒（VCD、DVD）、卫星电视机顶盒一样的效果，极其方便。

（11）音乐系统。简单地说，就在任何一间房子里，包括客厅、卧室、厨房或卫生间，均可布上背景音乐线，通过1个或多个音源（CD/TV/FM/MP3音源）可以让每个房间都能听到美妙的背景音乐。

配合AV影视交换产品，可以用最低的成本，不仅实现每个房间音频和视频信号的共享，而且各房间独立的遥控选择背景音乐信号源，可以远程开机、关机、换台、快进、快退等，是音视频、背景音乐共享和远程控制的最佳性价比设计方案。

（12）娱乐系统。"数字娱乐"则是利用书房计算机作为家庭娱乐的播放中心，客厅或主卧大屏幕电视机上播放和显示的内容来源于互联网上海量的音乐资源、影视资源、电视资源、游戏资源、信息资源等。安装"笑仙居数码娱乐终端"后，家庭的客厅、卧室等地方都可以获得视听娱乐内容。安装简单，用网络面板和一根超五类线连接设备。

（13）布线系统。通过一个总管理箱将电话线、有线电视线、宽带网络线、音响线等被称为弱电的各种线统一规划在一个有序的状态下，以统一管理居室内的固定电话、传真、计算机、电视机、影碟机、安防监控设备和其他的网络信息家电，使之功能更强大、使用更方便、维护更容易、更易扩展，实现电话分机、局域网组建、有线电视共享等。

（14）指纹锁。在现实中由于某种原因忘带家中的房门钥匙或家中有客人造访，又恰恰不能立即赶回等，这个时候就可以在单位或外地用手机或固定电话将房门打开。

此外，人们可以在单位或外地用手机或固定电话"查询"家中指纹锁的"开/关"状态。指纹技术三项独立开门方式：指纹、密码和机械钥匙，安全方便。

（15）空气调节。有一种设备既不用整日去开窗（有的卫生间是密闭的），可定时更换经过过滤的新鲜空气（外面的空气经过过滤进来，同时将屋内的浊气排除）。

（16）手机控制。智能家居提供的手机控制家电系统适用的手机：安卓系统、iPhone。手机控制家电系统不是单单靠软件就可以实现的，是通过总线技术，在铺设一套智能家居设备的基础上，利用安装智能家居系统厂家专用软件，在计算机上进行设置调试实现的。

目　录

第 1 章

综合布线施工规范和常用工具与仪表

> 🔘 **重点内容**：电工常用工具虽使用简单，但要充分掌握其使用中的经验技巧灵活操作，做到工作中不损工具、不伤人。弱电工具与仪表精度高，使用操作要求严格；要保证弱电在线缆的布设过程中，熟练使用，精细操作。

1.1 安装施工规范与常用施工工具

1.1.1 安装施工规范

（1）综合布线系统必须按照《综合布线系统工程验收规范》（GB 50312—2007）中的有关规定进行安装施工。

（2）如遇规范中未包括的内容，可按《综合布线系统工程设计规范》（GB 50311—2007）中规定执行。

（3）综合布线的建筑群主干布线子系统的施工与本地电话网路相关，因此要遵循《本地电话网用户线路工程设计规范》（YD 5006—2003）等标准的规定。

（4）工程中的线缆类型和性能、布线部件的规格和质量应符合《大楼通信综合布线系统 第1～3部分》（YD/T 926.1～3—2009）等规范或设计文件的规定。

（5）布线工程不能影响房屋建筑结构强度，不影响内部装修美观要求，不降低其他系统功能和妨碍用户通道通畅。

（6）施工现场要有技术人员监督、指导。

（7）标记必须清晰、有序。

（8）对布设完毕的线路，必须进行检查。

（9）要布设一些备用线。

（10）高低压线必须分开布设。

（11）施工不损坏其他地上、地下管线或结构物。

1.1.2　安装电工常用工具与仪表

常用工具有：验电器、螺钉螺具、电工钳、活动扳手、冲击钻、电锤等。

1. 低压验电器

低压验电器又称试电笔、测电笔。低压验电器按结构形式不同分为钢笔式和螺钉旋具式两种，按显示原件不同分为氖管发光指示式和数字显示式两种。

氖管发光指示式验电器由氖管、电阻、弹簧、笔身和笔尖等部分组成，如图 1-1 (a) (b)、(c) 所示。

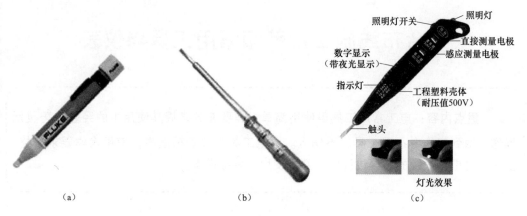

图 1-1　低压验电器

(a) 钢笔式；(b) 旋具式；(c) 数字显示式

> **低压验电器的使用规范：**
>
> 　　使用低压验电器时，必须按照正确姿势握笔，以食指触及笔尾的金属体，笔尖触及被测物体，使氖管小窗背光朝向测试者。当被测物体带电时，电流经带电体、验电器、人体到大地构成通电回路。只要带电体与大地之间的电位差超过 60V，验电器中的氖管就发光，电压高发光强，电压低发光弱。用数字显示式验电器验电时，其握笔方法与氖管指示式相同，但带电体与大地间的电位差为 2～500V，验电器都能显示出来。

2. 螺钉旋具

螺钉旋具又称起子、改锥和螺丝刀，它是一种紧固和拆卸螺钉的工具。螺钉旋具的种类和规格很多，按头部形状可分为一字形和十字形两种，如图 1-2 所示。

一字螺钉旋具中电工必备的是 50mm 和 150mm 两种规格，十字螺钉旋具专供紧固或拆卸十字槽的螺钉使用。

常用的螺钉旋具有以下四种规格：

(1) Ⅰ号适用于直径为 2.0～2.5mm 的螺钉。

(2) Ⅱ号适用于直径为 3～5mm 的螺钉。

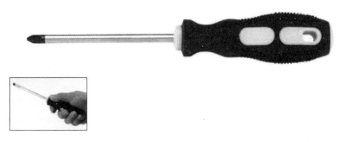

图1-2　螺钉旋具

（3）Ⅲ号适用于直径为6～8mm的螺钉。

（4）Ⅳ适用于直径为10～12mm的螺钉。

螺钉旋具的使用规范：

（1）大螺钉旋具一般用来紧固较大的螺钉。使用时，除拇指、食指和中指要夹住握柄外，手掌还要顶住木柄的末端，这样就可防止螺钉旋具转动时滑脱。

（2）小螺钉旋具一般用来紧固电气装置接线桩头上的小螺钉，使用时可用手指顶住木柄的末端捻旋。

（3）较长螺钉旋具使用时可用右手压紧并转动木柄，左手握住螺钉旋具中间部分，以使螺钉旋具不滑落，此时左手不得放在螺钉的周围，以免螺钉旋具滑出时将手划伤。

（4）电器维修时不可使用金属杆直通柄顶的螺钉旋具，否则很容易造成触电事故。

3. 钢丝钳

钢丝钳有绝缘柄和裸柄两种，如图1-3所示。绝缘柄钢丝钳为电工专用钳（简称电工钳），常用的有150、175、200mm三种规格。裸柄钢丝钳电工禁用。

常用的钢丝钳以6、7、8in（1in＝25mm）为主，按照中国人平均身高1.7m左右计算，7in（175mm）的用起来比较合适；8in的力量比较大，但是略显笨重；6in的比较小巧，剪切稍粗点的钢丝就比较费力；5in的属于精巧的钢丝钳。

图1-3　钢丝钳

钢丝钳的安全使用提示：

（1）使用钢丝钳要量力而行，不可以超负荷的使用。切忌在切不断的情况下扭动钢丝钳，否则容易致使钢丝钳崩牙与损坏。无论钢丝还是铁丝或者铜线，只要能留下钢丝钳咬痕，然后用钢丝钳前口的齿夹紧钢丝，轻轻地上抬或者下压钢丝，就可以折断钢丝，不但省力，而且对钢丝钳没有损坏，可以有效地延长使用寿命。

（2）钢丝钳分绝缘钢丝钳和不绝缘钢丝钳，在带电操作时应该注意区分，以免被强电击伤。

（3）在使用钢丝钳过程中切勿将绝缘手柄碰伤、损伤或烧伤，并且要注意防潮。

（4）为防止生锈，钳轴要经常加油。

（5）带电操作时，手与钢丝钳的金属部分保持2cm以上的距离。

（6）根据不同用途，选用不同规格的钢丝钳。

（7）不能当锤子使用。

⚙ 钢丝钳的使用技巧：

（1）使用钢丝钳时用右手操作。将钢丝钳口朝内侧，便于控制钳切部位。用小指伸在两钳柄中间来抵住钳柄，并张开钳头，这样分开钳柄灵活。

（2）电工常用的钢丝钳有150、175、200、250mm等多种规格。可根据内线或外线工种需要选用。钢丝钳的齿口也可用来紧固或拧松螺母。

（3）钢丝钳的刀口可用来剖切软电线的橡皮或塑料绝缘层。

（4）钢丝钳的刀口也可用来切剪电线、铁丝。剪8#镀锌铁丝时，应用刀刃绕表面来回割几下，然后只需轻轻一扳，铁丝即断。

（5）钢丝钳铡口也可以用来切断电线、钢丝等较硬的金属线。

（6）钢丝钳的绝缘塑料管耐压在500V以上，因此可以带电剪切电线。使用中切忌乱扔，以免损坏绝缘塑料管。

（7）不可用钢丝钳剪切双股带电电线，否则会短路的。

（8）用钢丝钳缠绕抱箍固定拉线时，钢丝钳齿口夹住铁丝，以顺时针方向缠绕。

4. 尖嘴钳

尖嘴钳别名修口钳。电工用尖嘴钳的材质一般由45钢制作，类别为中碳钢。含碳量0.45%，韧性、硬度都合适。

⚙ 尖嘴钳的用途：

钳柄上套有额定电压500V的绝缘套管。尖嘴钳是一种常用的钳形工具。它主要用来剪切线径较细的单股线与多股线，以及给单股导线接头弯圈、剥塑料绝缘层等，能在较狭小的工作空间操作。不带刃口的只能夹捏工作，带刃口的能剪切细小零件。它是电工（尤其是内线电工）、仪表及电讯器材等装配及修理工作常用的工具之一。

尖嘴钳的头部尖细，如图1-4所示。尖嘴钳有裸柄和绝缘柄两种。裸柄尖嘴钳是电工禁用的。绝缘柄尖嘴钳的耐压强度为500V，常用的有130、160、180、200mm四种规格。尖嘴钳的握法与钢丝钳的握法相同。

⚙ 尖嘴钳的使用技巧：

（1）用尖嘴钳弯导线接头的操作方法是：首先将线头向左折，然后紧靠螺杆依顺时针方向向右弯即成。

（2）尖嘴钳的改制：可作剥线尖嘴钳。方法是用电钻在尖嘴钳剪线用的刀刃前段钻 $\phi 0.8$mm、$\phi 1.0$mm 两个槽孔，再分别用 $\phi 1.2$mm、$\phi 1.4$mm 的钻头稍扩一下（注意：别扩穿了），使这两个槽孔有一个薄薄的刃口。这样，一个既能剪线又能剥线的尖嘴钳就改成了。

5. 斜口钳

斜口钳是以切断导线为主，如图1-5所示。斜口钳主要用于剪切导线、元器件多余的引线，还常用来代替一般剪刀剪切绝缘套管、尼龙扎线卡等。

图1-4 尖嘴钳　　　　　　　　　　　图1-5 斜口钳

⚙ 斜口钳的使用技巧：

（1）剪切 2.5mm² 的单股铜线不但很费力，而且容易导致斜口钳损坏，所以斜口钳不宜剪切 2.5mm² 以上的单股铜线和铁丝。

（2）在尺寸选择上以5、6、7in 的为主，普通电工布线时选择6、7的切断能力比较强，剪切不费力。

（3）电路板安装维修以5、6in 的为主，使用起来方便灵活，长时间使用不易疲劳。

（4）4in 的属于迷你钳，只适合做一些电路板类的细小维修使用。

斜口钳的刀口可用来剖切软电线的橡皮或塑料绝缘层。斜口钳的刀口也可用来切剪电线、铁丝。剪切 8♯ 镀锌铁丝时，应用刀刃绕表面来回割几下，然后只需轻轻一扳，铁丝即断。铡口也可以用来切断电线、钢丝等较硬的金属线。电工常用斜口的有 150、175、200mm 及 250mm 等多种规格。

6. 鲤鱼钳

鲤鱼钳也称鱼嘴钳，用于加持扁形或圆柱形金属零件，如图 1-6 所示。使用鲤鱼钳可用钳口夹紧或拉动，也可在颈部切断细导线。

图 1-6　鲤鱼钳

鲤鱼钳因外形酷似鲤鱼而得名，其特点是钳口的开口宽度有两挡调节位置，可放大或缩小使用。鲤鱼钳主要用于夹持圆形零件，也可代替扳手旋小螺母和小螺栓，钳口后部刃口可用于切断金属丝，在汽修行业中运用较多。

安全使用提示：

（1）塑料柄可以耐高压，使用过程中不要随意乱扔，以免损坏塑料管。

（2）在鲤鱼钳夹持零件前，必须用防护布遮盖易损坏件，防止锯齿状钳口对易损件造成伤害。

（3）严禁把鲤鱼钳当成扳手使用，因为锯齿状钳口会损坏螺栓或螺母的棱角。

7. 弯头钳

如图 1-7 所示，弯头钳与尖嘴钳（不带刃口的）相似，适宜在狭窄或凹下的工作空间使用。

弯头钳主要规格：分柄部不带塑料套和带塑料套，长度为 140、160、180、200mm。

图 1-7　弯头钳

8. 剥线钳

剥线钳是剥削小直径导线接头绝缘层的专用工具。使用时，将要剥削的导线绝缘层长度用标尺定好，右手握住钳柄，用左手将导线放入相应的刃口槽中（比导线直径稍大，以免损伤导线），用右手将钳柄向内一握，导线的绝缘层即被割破拉开自动弹出，如图 1-8 所示。

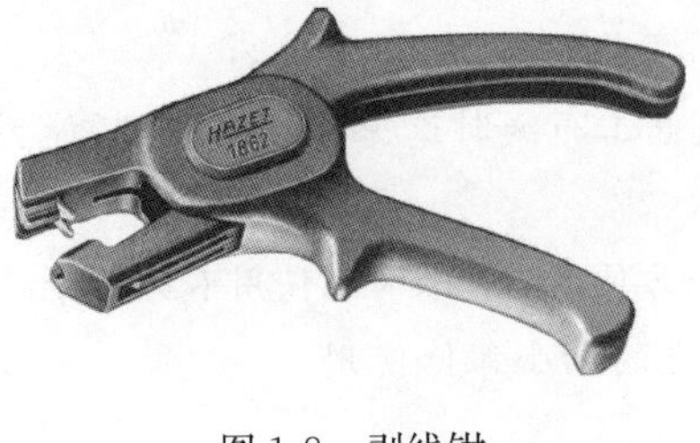

剥线钳为内线电工，电动机修理、仪器仪表电工常用的工具之一。剥线钳专供电工剥除电线头部的表面绝缘层用。

剥线钳的规格分为 140、160、180mm（都是全长）。

图 1-8　剥线钳

剥线钳使用操作规范：

（1）根据缆线的粗细型号，选择相应的剥线刀口。

（2）将准备好的电缆放在剥线钳的刀刃中间，选择好要剥线的长度。

（3）握住钳柄，将电缆夹住，缓缓用力使电缆外表皮慢慢剥落。

（4）松开钳柄，取出电缆线，这时电缆金属整齐露出外面，其余绝缘塑料完好无损。

9. 冲击钻

冲击钻可用于对石头或混凝土进行打孔或破碎。图1-9所示为普通冲击钻。

冲击钻的冲击机构有犬牙式和滚珠式两种。滚珠式冲击钻由动盘、定盘、钢球等组成。动盘通过螺纹与主轴相连，并带有12个钢球；定盘利用销钉固定在机壳上，并带有4个钢球。在推力作用下，12个钢球沿4个钢球滚动，使硬质合金钻头

图1-9　普通冲击钻

产生旋转冲击运动，能在砖、砌块、混凝土等脆性材料上钻孔。脱开销钉，使定盘随动盘一起转动，不产生冲击，可作普通电钻用。

 冲击钻的安全使用操作规范：

（1）操作前必须查看电源是否与电动工具上的额定220V电压相符，以免错接到380V的电源上。

（2）使用冲击钻前应仔细检查机体绝缘防护、辅助手柄及深度尺调节等情况，机身有无螺钉松动现象。

（3）冲击钻必须按材料要求装入$\phi6\sim\phi25$mm之间允许范围的合金钢冲击钻头或打孔通用钻头。严禁使用超越范围的钻头。

（4）冲击钻导线要保护好，严禁满地乱拖防止轧坏、割破，更不准把电线拖到油水中，防止油水腐蚀电线。

（5）使用冲击钻的电源插座必须配备漏电开关装置，并检查电源线有无破损现象，使用当中发现冲击钻漏电、震动异常、高热或者有异声时，应立即停止工作，找电工及时检查修理。

（6）冲击钻更换钻头时，应用专用扳手及钻头锁紧钥匙，杜绝使用非专用工具敲打冲击钻。

（7）使用冲击钻时不可用力过猛或出现歪斜操作，事前务必装紧合适钻头并调节好冲击钻深度尺，垂直、平衡操作时要徐徐均匀用力，不可强行使用超大钻头。

（8）熟练掌握和操作顺逆转向控制机构、松紧螺钉及打孔攻螺纹等功能。

冲击钻维护保养如下：

（1）由专业电工定期更换冲击钻的换碳刷及检查弹簧压力。

（2）保障冲击钻机身整体完好及清洁，并及时清除污垢，保证冲击钻转动顺畅。

（3）由专业人员定期检查冲击钻各部件是否损坏，对损伤严重而不能再用的应及时更换。

（4）及时增补因作业中机身上丢失的机体螺钉紧固件。

（5）定期检查传动部分的轴承、齿轮及冷却风叶是否灵活完好，适时对转动部位加注润滑油，以延长冲击钻的使用寿命。

（6）使用完毕后要及时将冲击钻归还工具库妥善保管。

10. 电锤

电锤是电钻中的一类，主要用来在混凝土、楼板、砖墙和石材上钻孔。还有多功能电锤，调节到适当"挡位"配上适当钻头，可以代替普通电钻、电镐使用。

电锤是在电钻的基础上，增加了一个由电动机带动有曲轴连杆的活塞，在一个汽缸内往复压缩空气，使汽缸内空气压力呈周期变化，变化的空气压力带动汽缸中的击锤往复打击钻头的顶部，好像用锤子敲击钻头一样，故名电锤。

由于电锤钻头在转动的同时沿着电钻杆的方向快速往复运动（频繁冲击），所以电锤可以在脆性大的水泥混凝土及石材等材料上快速打孔。高档电锤可以利用转换开关，使电锤的钻头处于不同的工作状态，即只转动不冲击、只冲击不转动、既冲击又转动。

图 1-10 所示为典型品牌电锤。

（1）使用电锤时的个人防护如下：

1）操作者要戴好防护眼镜，以保护眼睛。当面部朝上作业时，要戴上防护面罩。

图 1-10 典型品牌电锤

2）长期作业时要塞好耳塞，以减轻噪声的影响。

3）长期作业后钻头处在灼热状态，在更换时应防止灼伤肌肤。

4）作业时应使用侧柄，双手操作，防止堵转时反作用力扭伤胳膊。

5）站在梯子上工作或高处作业应做好高处坠落措施，梯子应有地面人员扶持。

电锤操作经验安全指导：

1）确认现场所接电源与电锤铭牌是否相符，是否接有漏电保护器。

2）钻头与夹持器应适配，并妥善安装。

3）钻凿墙壁、天花板、地板时，应先确认有无埋设电缆或管道等。

4）在高处作业时，要充分注意下面的物体和行人安全，必要时设警戒标志。

5）确认电锤上开关是否切断，若电源开关接通，则插头插入电源插座时电动工具将出其不意地立刻转动，从而可能导致人员受到伤害。

（2）作业前的检查应符合下列要求：

1）外壳、手柄不出现裂缝、破损。

2）电缆软线及插头等完好无损，开关动作正常，保护接零连接正确、牢固可靠。

3）各部防护罩齐全牢固，电气保护装置可靠。

⚙ **电锤安全使用操作规范：**

1）机具启动后空载运转，应检查并确认机具联动灵活无阻。作业时，加力应平稳，不得用力过猛。

2）作业时应掌握电钻或电锤手柄，打孔时首先将钻头抵在异型铆钉工作表面，然后开动，用力适度，避免晃动；转速若急剧下降，应减少用力，阻止电动机过载，严禁用木棍采用杠杆式加压。

3）钻孔时，应注意避开混凝土中的钢筋。

4）电钻和电锤为40%断续工作制，不得长时间连续使用。

5）作业孔径在25mm以上时，应有稳固的作业平台，周围应设护栏。

6）严禁超载使用。作业中应注意声响及温升，发现异常应立即停机检查。在作业时间过长，机具温升超过60℃时，应停机，自然冷却后再作业。

7）机具转动时，不得撒手不管。

8）作业中，不得用手触摸电锤刃具，发现其有磨钝、破损情况时，应立即停机修整或更换，然后再继续进行作业。

---

11. 钳形电流表

通常应用普通电流表测量电流时，需要切断电路才能将电流表或电流互感器一次绕组串接到被测电路中。而使用钳形电流表进行测量时，则可在不切断电路的情况下进行测量。图 1-11 所示为钳形电流表外形。

图 1-11　钳形电流表外形

⚙ **钳形电流表使用操作规范：**

（1）测量前，应检查仪表指针是否在零位。若不在零位，则应调到零位。同时应对被测电流进行粗略估计，选择适当的量程。如果被测电流无法估计，则应先把钳形电流表置于最高挡，逐渐下调切换，直至指针在刻度的中间段为止。

（2）应注意钳形电流表的电压等级，不得将低压表用于测量高压电路的电流。

（3）每次只能测量一根导线的电流，不可将多根导线都夹入钳口测量。被测导线应置于钳口中央，否则误差将很大（大于5％）。当导线夹入钳口时，若发现有振动或碰撞声，应将仪表扳手转动几下，或重新开合一次，直到没有噪声才能读取电流值。测量电流后，如果立即测量小电流，应开合钳口数次，以消除铁芯中的剩磁

（4）在测量过程中不得切换量程，以免造成二次回路瞬间开路，感应出高电压而击穿绝缘。必须变换量程时，应先将钳口打开。

（5）在读取电流读数困难的场所测量时，可首先用制动器锁住指针，然后到读数方便的地点读值。

（6）若被测导线为裸导线，则必须事先将邻近各相用绝缘板隔离，以免钳口张开时出现相间短路。

（7）测量时，如果附近有其他载流导线，所测值会受载流导体的影响而产生误差。此时，应将钳口置于远离其他导线的一侧。

（8）每次测量后，应把调节电流量程的切换开关置于最高挡位，以免下次使用时因未选择量程就进行测量而损坏仪表。

（9）有电压测量挡的钳形电流表，电流和电压要分开测量，不得同时测量。

（10）测量5A以下电流时，为获得较为准确的读数，若条件许可，可将导线多绕几圈放进钳口测量，此时实际电流值为钳形电流表的指示值除以所绕导线圈数。

（11）测量时应戴绝缘手套，站在绝缘垫上。读数时要注意安全，且勿触及其他带电部分。

（12）钳形电流表应放在干燥的室内，钳口处应保持清洁，使用前应擦拭干净。

钳形电流表使用经验指导：

（1）用钳形电流表测量线绕式异步电动机转子电流的方法：

用钳形电流表测量绕线式异步电动机的转子电流时，必须选用具有电磁系测量机构的钳形电流表，如采用一般常见的磁电式整流系钳形电流表测量，指示值与被测量的实际值会有很大误差，甚至没有指示。其原因是，整流式磁电系钳形电流表的表头是与互感器二次绕组连接，表头电压是由二次绕组得到的。

当采用此种钳形电流表测量转子电流时，由于转子上的频率较低，表头上得到的电压将比测量同样电流值的工频电流小得多，有时电流很小，甚至不能使表头中的整流元件导通，所以钳形电流表没有指示或指示值与实际值有很大误差。

如果选用电磁系测量机构的钳形电流表，由于测量机构没有二次绕组，也没有整流元件，磁回路中的磁通直接通过表头，而且与频率没有关系，所以能够正确指示出转子电流。

（2）用钳形表测量小电流的方法：

用钳形电流表测量电流时，虽然具有在不切断电路的情况下进行测量的优点，但是由于其准确度不高，测量时误差较大。尤其是在测量小于 5A 的电流时，其误差会远远超过允许范围。

为弥补钳形电流表的这一缺陷，实际测量小电流时，可采用下述方法：将被测导线先缠绕几圈后，再放进钳形电流表的钳口内进行测量。但此时钳形电流表所指示的电流值并不是所测的实际值，实际电流值应为钳形电流表的读数除以导线缠线圈数。

12. 指针式万用表

图 1-12 所示为指针式万用表。万用表的结构形式很多，面板上旋钮、开关的布置也有差异。因此，使用万用表以前，应仔细了解和熟悉各操作旋钮、开关的作用，并分清表盘上各条标度尺所对应的被测量。

（1）机械调零。万用表应水平放置，使用前检查指针是否指在零位上。若未指零，则应调整机械零位调节旋钮，将指针调到零位上。

（2）接好测试表笔。应将红色测试笔的插头接到红色接线柱上或标有"＋"号的插孔内，黑色测试表笔的插头接到黑色接线柱上或标有"－"号的插孔内。

（3）选择测量种类和量程。有些万用表的测量类型选择旋钮和量程变换旋钮是分开的，使用时应先选择被测量类型，再选择适当量程。如果万用表被测量类型和量程的选择都由一个转换开关控制，则应根据测量对象将转换开关选到需要的位置上，再根据被测量的大小将开关置于适当的量程位置。如果事先无法估计被测量的

图 1-12　MF64 型万用表标度盘

数值范围，可首先用该被测量的最大量程挡试测，然后逐渐调节，选定适当的量程。测量电压和电流时，万用表指针偏转最好在量程的 1/2～2/3 的范围内；测量电阻时，指针最好在标度尺的中间区域。

正确认读标度盘经验指导：

测量电阻时应读取标有"Ω"的第一根标度尺（从上到下）上的分度线数字。测量直流电压和直流电流时应读取标有"DC"的第二根和第三根标度尺上的分度线数字，满量程数字是 125 或 10 或 50。测量交流电压，应读取标有"AC"的第四根标度尺上的分度线数字，满量程数字为 250 或 200。标有"hfe"的两根短标度尺，是使用晶体管附件测量三极管共发射极电流放大系数 hfe 的，其中标有"Si"的一根为测量硅三极管的读数标度尺，标有"Ge"的一根为测量锗三极管的读数标度尺。标有"BATT.（RL＝12Ω）"的短标度尺供检查 1.5V 干电池时使用，测量时指针若处在"GOOD"范围内为电力充足，处在"BAD"及以下范围则电池已不可使用。标有

"dB"的标度尺只有在测量音频电平时才使用。电平测量使用交流电压挡进行，如果被测对象含有直流成分，则应串入一只 $0.1\mu F/400V$ 以上的电容器，以隔断直流电压。若使用较高量程，则应加上附加分贝值。

13. 数字式万用表

图1-13 数字式万用表

在使用数字式万用表时，将电源开关钮"ON-OFF"揿向"ON"一侧，接通电源。用"ZERO-ADJ"旋钮调零校准，使显示屏显示"000"。用功能转换开关选择被测量的类型和量程。功能开关周围字母和符号的含义分别为"DCV"表示直流电压，"ACV"表示交流电压，"DCA"表示直流电流，"ACA"表示交流电流，"Ω"表示电阻，"→∣→"表示二极管测量，"C"表示电容，"JI"表示音响通断检查（与二极管测量同一位置）等，如图1-13所示。

数字式万用表使用操作规范：

（1）不宜在有噪声干扰源的场所（如正在收听收音机和收看电视机的附近）使用。噪声干扰会造成测量不准确和显示不稳定。

（2）不宜在阳光直射和有冲击的场所使用。

（3）不宜用来测量数值很大的强电参数。

（4）长时间不使用应将电池取出，再次使用前应检查内部电池的情况。

（5）被测元器件的引脚氧化或有锈迹，应先清除氧化层和锈迹再测量，否则无法读取正确的测量值。

（6）每次测量完毕，应将转换开关拨到空挡或交流电压最高挡。

14. 兆欧表

兆欧表又称摇表，是专门用来测量电气线路和各种电气设备绝缘电阻的便携式仪表。它的计量单位是兆欧（MΩ），所以称为兆欧表，如图1-14所示。

兆欧表的主要组成部分是一个磁电式流比计和一台手摇发电机。发电机是兆欧表的电源，可以采用直流发电机，也可以用交流发电机与整流装置配用。直流发电机的容量很小，但电压很高（100~500V）。磁电式流比计是兆欧表的测量机构，由固定的永久磁铁和可在磁场中转动的两个线圈组成。

当用手摇动发电机时，两个线圈中同时有电流通过，在两个线圈上产生方向相反的转矩，表针就随这两个转矩的合成转矩的大小而偏转某一角度，这个偏转角度取决于上述两个线圈中电流的比值。由于附加电阻的阻值是不变的，所以电流值取决于待测电阻值的大小。

兆欧表的接线柱有三个，一为"线路"（L），二为"接地"（E），三为"屏蔽"（G）。测量电力线路或照明线路的绝缘电阻时，"L"接被测线路，"E"接地线。测量电缆的绝缘电阻时，为使测量结果准确，消除线芯绝缘层表面漏电所引起的测量误差，还应将"G"接线柱引线接到电缆的绝缘层上。

图1-14 兆欧表

用兆欧表摇测电气设备对地绝缘电阻时，其正确接线应该是"L"端子接被试设备导体，"E"端子接地（即接地的设备外壳），否则将会产生测量误差。

另外，一般兆欧表的"E"端子及其内部引线对外壳的绝缘水平比"L"端子要低一些，通常兆欧表是放在地上使用的。因此，"E"对表壳及表壳对地有一个绝缘电阻R_f，当采用正确接线时，R_f是被短路的，不会带来测量误差。但如果将引线反接，即"L"接地，使"E"对地的绝缘电阻R_f与被测绝缘电阻R_x并联，造成测量结果变小，特别是当"E"端绝缘不好时将会引起较大误差。

由分析可见，使用兆欧表时必须采用"L"接被测导体、"E"接地、"G"接屏蔽的正确接线。

⚙ **兆欧表使用操作规范：**

（1）测量设备的绝缘电阻时，必须先切断设备的电源。

（2）兆欧表应放在水平位置，在未接线之前，先摇动兆欧表看指针是否指在"∞"处，再将"L"和"E"两个接线柱短路，慢慢地摇动兆欧表，看指针是否指在"零"处（对于半导体型兆欧表不宜用短路校验）。

（3）兆欧表引线应用多股软线，而且应有良好的绝缘。

（4）在摇测绝缘时，应使兆欧表保持额定转速，一般为120r/min。当被测设备电容量较大时，为了避免指针摆动，可适当提高转速（如130r/min）。

（5）被测设备表面应擦拭洁净，不得有污物，以免漏电影响测量的准确度。

（6）兆欧表的测量引线不能绞在一起。

（7）测量绝缘电阻时，要遥测1min。

1.2 弱电施工操作与工具仪表的正确使用

1.2.1 弯管器与牵引线

1. 弯管器

在综合布线工程中如果使用钢管进行线缆安装，就要解决钢管的弯曲问题。首先将管子需要弯曲部位的前段放在弯管器内，焊缝放在弯曲方向背面或侧面，以防管子弯扁；然后用脚踩住管子，手扳弯管器进行弯曲，并逐步移动弯管器，便可得到所需要的弯度，如图 1-15 所示。

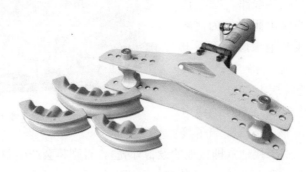

图 1-15　弯管器

弯曲半径操作规范：

（1）明配时，一般不小于管外径的 6 倍；只有一个弯时，可不小于管外径的 4 倍；整钢管在转弯处，宜弯成同心圆弯。

（2）暗配时，不应小于管外径的 6 倍；布于地下或混凝土楼板内时，不应小于管外径的 10 倍。

（3）在同一路径中，两个检查箱之间的弯角不得多于 2 个，有弯头的管段长度不宜超过 20m，暗管的弯角应大于 90°，如图 1-16 所示。

（4）直线布暗管超过 30m、弯管超过 20m 或有 2 个弯角的暗管大于 15m 处应设置过线盒，有利于布放缆线，如图 1-17 所示。

（5）暗管管口应光滑，并加有绝缘套管，管口伸出建筑物的部位应为 25～50mm。

（6）在金属管连接时，管孔应对准，接缝应严密，不得有水和泥浆渗入。

（7）金属管道应有不小于 0.1‰ 的排水坡度。

（8）建筑群之间金属管的埋设深度不应小于 0.7m；在人行道下布设时，不应小于 0.5m。

（9）金属管两端应有标记，表示建筑物、楼层和长度。

2. 牵引线

施工人员遇到线缆需穿管布放时，多采用铁丝牵拉。由于普通铁丝的韧性和强度不是为布线牵引设计的，操作极为不便，施工效率低，还可能影响施工质量。

国外在布线工程中已广泛使用"牵引线"，作为数据线缆或动力线缆的布放工具，如图 1-18 所示。

专用牵引线材料具有优异的柔韧性与高强度，表面为低摩擦系数涂层，便于在 PVC 管或钢管中穿行，可使线缆布放作业效率与质量大为提高。

根据综合布线设计与验收规范相关规定如下：

（1）直线布管每 30m 应设置过线盒装置。

（2）有弯头的管段长度超过 20m 时，应设置过线盒装置。

（3）有 2 个弯时，不超过 15m 应设置过线盒装置。

因此，选用 30.5m 的牵引线最为合适。

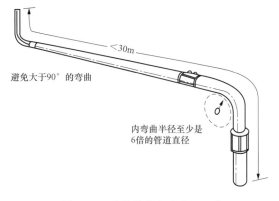

图 1-16 暗管的弯角应大于 90°

说明：

（1）当管道长度大于 30cm 或拐弯处多于 2 处时，应加装拉线盒。

（2）保证管道里的平滑无毛刺。

对于垂直干线部分，应由高层向底层下垂布设，借助线缆自重，每次最多牵拉10～15 根电缆，线缆拉出后应剪断30cm 的线头，避免应力影响线缆结构。水平电缆布设应组成线束，远离电力管线、热力管线、给水管线和输气管线，防止被磨、刮、蹭、拖等损伤。在管路中布线时，为保证布线的电气性能和便于操作，应注意管径利用率。对于多层屏蔽电缆、扁平缆线、大对数主干电缆或光缆，直管利用率为50％～60％，弯曲管道应为40％～50％；布放 4 对对绞水平电缆或 4 芯光缆时，管道界面利用率应为25％～30％。可按以下公式计算管中布线根数：

管径利用率＝线缆外径/管道内径

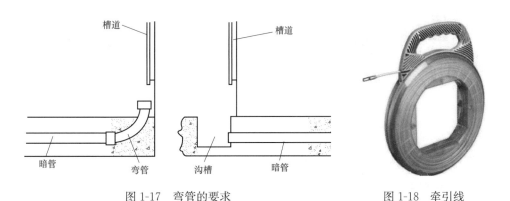

图 1-17 弯管的要求　　　　　　图 1-18 牵引线

牵引缆线操作指导：

（1）计划好同一方向一起牵引的线缆的数量和型号。

（2）安排好线轴和线盒。

（3）选两三根电缆，将其与已穿入管中的牵引线引线孔可靠固定一次最多布放10～15根电缆，确保无打结、绊住现象。

（4）线束被牵引出另一端后，应剪掉25mm左右的线缆头，因这部分有肯能在牵引中损坏。

3. 润滑剂

由于通信线缆的特殊结构，线缆在布放过程中承受的拉力不要超过线缆允许张力的80％。线缆最大允许值如下：

（1）1根4对双绞线，拉力为10kgf。

（2）2根4对双绞线，拉力为15kgf。

（3）3根4对双绞线，拉力为20kgf。

（4）n根4对双绞线，拉力为（$n \times 5 + 5$）（kgf）。

但最大拉力不得超过40kgf，必要时要采用通信线缆布放专用润滑剂。

1.2.2　线缆绑扎与收紧工具

在线缆布放到位后应适当绑扎（每1.5m，固定一次）。由于双绞线结构因数，绑扎不能过紧，不使缆线产生应力。要确保绑扎力一致性又能提高施工效率，就要依靠适当的绑扎带收紧工具，如图1-19所示。

1.2.3　线缆的剪切与剥线操作

（1）铜缆在线缆布放好后就要对其进行剪切。剪切线缆要注意冗余，预留的原则是：在交接间、设备间的电缆长度一般为3～6m，工作区为0.3～0.6m。图1-20所示为大对数电缆剪线钳。

图1-19　绑扎带收紧工具　　　　图1-20　大对数电缆剪线钳

在选用大对数电缆剪线钳时，应不使操作者疲劳，并要考虑安全性和牢固性。锯齿形刃口可防止线缆护套打滑。手柄应适合握持和施加压力。

剥除线缆外护套操作要求：

为了端接线对，需剥去一段电缆外护套。剥除外护套不得刮伤芯线的绝缘层。无论对于常见的圆形截面双绞线电缆，还是非圆截面双绞线电缆，都必须用专用剥线工具或开缆刀进行加工，这样既能保证工程质量，又可提高效率。去处电缆的外皮长度够端接即可，线对应尽可能保持扭绞状态。

图 1-21 所示为大对数电缆剥线工具，是通过对护套的环切完成剥线的。使用这种工具最应注意的是，调节刀片位置，使刀口符合线缆类型，这样可保证刀刃不伤线芯的绝缘层。对线芯的任何损伤都会导致回波损耗指标的下降。

在使用剥线工具时只在护套上刻出划痕，绝对保证线芯绝缘层的完整性。图 1-22 所示为特为非圆截面 UTP 线缆设计的剥线钳。

图 1-21　大对数电缆剥线工具　　　　图 1-22　非圆截面 UTP 线缆剥线钳

（2）对于光纤，需用专用光纤剪刀和刻刀，并用专用工具剥去光纤涂层，以便利于光纤连接器的加工。

常用的剪切和剥削工具最好能与光纤的特殊尺寸相匹配，并能完成多种加工操作而不用更换工具。

例如：常用的米勒钳就集成了两种工具，小 V 形口用于去除 $125\mu m$ 光纤缓冲层和涂层材料，大 V 形口用于大范围去除光纤绝缘外护套，如图 1-23 所示。米勒钳刀口经过热处理并有激光打出的标记便于识别。

图 1-23　"米勒"钳

光纤剥线钳即使使用了最佳调整和校准的剥线工具，操作者仍需具有一定的技巧。剥去缓冲层时要保证压力均匀，光纤应运动流畅，避免折断纤芯。保证剥线工具的刀口干净十分重要，因为即使是细小的灰尘和污垢都有可能使纤芯折断或造成划痕。

⚙ **操作提示：** 有经验的操作者会在每次剥取操作前用旧牙刷对工具进行清洁。

在光纤布设现场不要使用压缩空气清洁工具。

不要像剥电线绝缘层那样剥光纤。弯曲和拧的动作都会增加缓冲层与纤芯之间的摩擦，导致光纤弯曲断裂。可以采用"从护套中抽出光纤"的方式，并保证动作呈直线，并且每次只剥去 6～10mm，以利于减小摩擦和弯曲。

1.2.4　线缆的端接与打线刀

对于铜缆，终端加工可分为安装 RJ45 插头和 RJ45 模块两种形式。端接要按 568A 或 568B 进行正确加工（这个问题将在《线缆验证》中描述）。

目前各线缆厂家的 RJ45 模块，有的无需工具即可安装，有的需用专用打线刀。选择打线刀时应选择多用途的，能适应不同厂家的模块端接要求。图 1-24 所示为多用途打线刀。

（1）模块的端接。根据设计要求，确定接线方式 T568A 或 T568B，整个系统只能选择其中一种接线方式。

1）如图 1-25 所示，线缆的外护套应紧顶住模块端部。

图 1-24　多用途打线刀　　　　　　　图 1-25　线缆的外护套要紧顶模块端部

2）如图 1-26 所示，将双绞线对从中间分开压入相应的安装槽中（不要从头部将线分开）。

（2）用打线刀打线，此时要注意刀口的方向。打线刀有"高/低"两挡的压力设置，低挡设置可以避免将模块中的连接针打弯，但可能造成打线过松，如图 1-27 所示。最后将打好线的模块安装在配线架或墙壁的插座上。

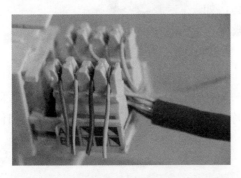

图 1-26　将双绞线对从中间分开压入相应的安装槽中　　　　图 1-27　打线

1.2.5　RJ45 插头的端接与压接钳

对于 RJ45 插头（俗称水晶插头）应注意选择适当的压接工具。图 1-28 所示为常用的双头型压接钳。

 操作指导： 不同厂家的 RJ45 插头，固定压接点位置不同。

压接步骤如图 1-29 所示，具体如下：

（1）将对绞线松开，按照网格线规格对准接脚排好顺序。

（2）先套入护套，再按照网络线规格，将线穿入内套中。

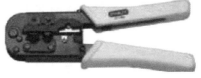

（3）插入时要注意接地线是否有接触水晶头金属部分。

（4）检查接头色位是否正确，将护套与 RJ-45 水晶头相接。

图 1-28　常用的双头型压接钳

（5）再以押接钳压线段，即可完成一条完美的网络线。

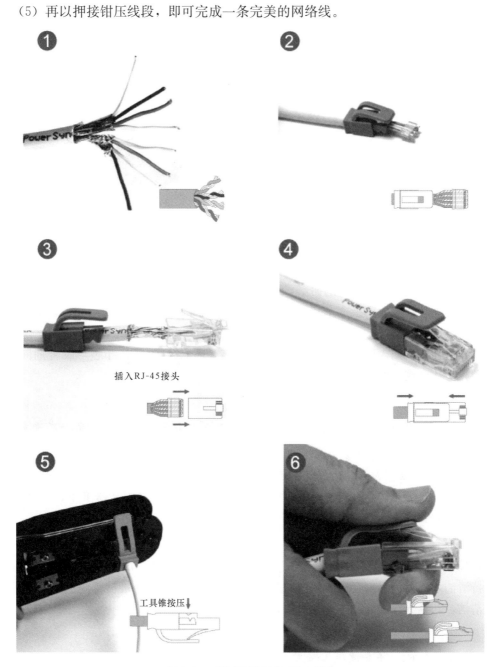

插入RJ-45接头

工具锥按压

图 1-29　用压接钳制作 RJ45 插头

1.2.6　光纤连接器的加工

光纤连接器的加工相对铜缆终端加工更复杂，检查连接器必须借助专用器具。首先要求对光纤进行严格的清洁，暴露在外的护套断面也要清洁干净，以利于环氧附着其上，承受一定的应力。清洁剂应采用专用酒精（99％纯度），不能用普通酒精（70％纯度）。清洁剂中的水分、脂类和杂质会污染光纤，影响环氧与玻璃的附着。下一步，将清洁好的光纤插入连接器并加入环氧，并将护套断面处也加入环氧，增加其抗应力能力。待环氧固化后，将多余的纤芯用专用工具去除。

为确保光纤断面整齐不产生碎裂，应选择刃口锋利的刻刀，如图 1-30 所示。刻痕要靠近连接器端部，将连接器在手指之间转动，刻出划痕，再延光纤轴向去除多余部分。

通过对连接器端面的抛光研磨，可得到符合要求的光滑端面。图 1-31 所示为不锈钢研磨盘。

图 1-30　光纤断面刻刀　　　　　图 1-31　不锈钢研磨盘

（1）首先使用 12μm 粒度的研磨纸进行"干研磨"，使纤芯断面与连接器胶合点平齐。将连接器端面与研磨纸逐渐接触并增加压力，研磨时间应持续 20～30s，确保去除刻痕时断口变得光滑。

（2）将连接器插入研磨盘，在抛光纸纸上呈"8"字形研磨。纤芯与胶合剂同时被研磨抛光，达到规定的平整度。

> 🔧 **注意：** 研磨盘孔与连接器间的微小间隙可使连接器端面形成倒角提高透光性。对于多模光纤，抛光过程至少应进行至 3μm 粒度的研磨，0.5μm 粒度的研磨为可选（因光纤和连接器制造商的要求而定）。对于单模光纤，最终的研磨粒度要到达 0.5μm，以使其达到最小的损耗确保光传输。在最后 0.5μm 粒度的研磨中，也可使用 99％纯度的酒精进行"湿研磨"。

IDEAL 研磨纸红色（12μm）、黄色（3.0μm）、白色（0.5μm）抛光纸和研磨盘都应保持清洁，任何污垢都会影响研磨效果。完成研磨后，整个连接器都应用 99％纯度的酒精清洁，包括光纤端面和连接器金属部分。

> **操作提示：** 不要使用压缩空气清洁连接器。

在连接器加工好后，应使用高质量显微镜（内置眼睛保护）进行检查。对于多模光纤，最小放大倍数应为 100×。对于单模光纤，最小放大倍数应为 200×。观察者要找到真正的观察点，视野中心是纤芯，外圈是涂层，最外层是连接器本身。有污垢的连接器不要用衣袖和手指"清洁"，要采用合格的连接器。45－332 光纤显微镜应具有多个适配器，以适应不同的连接器类型。新型显微镜已采用 LED 代替普通灯泡作为背光，LED 光源能提供更纯净的光源，并使观察者感觉更舒适。在确认连接器合格后，应立即用干净的连接器帽盖住，避免被污染和损坏。

1.2.7　线缆验证仪

线缆验证作业应在工程施工过程中随时进行，以便及时发现问题和解决问题。使用功能完善的验证测试工具，是准确发现问题的关键。无论采用 568A 方式还是 568B 方式进行直通线端接，在同一工程中只允许出现一种接线图（网络设备用交叉线除外）。在接线图故障中，开路（OPEN）、断路（SHORT）、错对（MISWIRE）由于直接影响电气连通性，是较容易判别的故障，但是分岔线对或称串绕（SPLIT PAIR）故障必须采用测量线对分布电容的方法才能鉴别。分岔线对导致本应在同一对双绞线上传输的正负电信号，分别在两个线对中传输。由于破坏了双绞线结构，会造成很大干扰，使网络传输性能下降。

铜缆验证工具中最好还能提供测量长度的功能，以便进行故障定位。

如果仪器本能提供主动测量方式，即提供 PING 命令操作并能用于动态分配 IP 的网络应用的仪器，则验证作业更为全面。

以下是美国 IDEAL 的部分电缆验证测试设备：图 1-32 所示为 NAVITEK 主动式测试仪，图 1-33 所示为 VDV 多媒体线缆测试仪，图 1-34 所示为 Link Master Pro XL 验证测试仪，图 1-35 所示为 Link Master Pro 验证测试仪。

它们均能准确测量接线正误，并可作为音调发生器；除 VDV 多媒体线缆测试仪外，其他测试仪均可以电容方式测量长度，进行断点定位。另外，通过测试仪对远端模块的识别，可找到线缆两端的对应关系，即时作好标识建立文档，便于对系统的长期管理。

图 1-32　NAVITEK
主动式测试仪

图 1-33　VDV
多媒体线
缆测试仪

图 1-34　XL 验证
测试仪

图 1-35　Link Master
Pro 验证测试仪

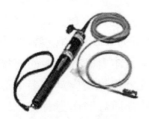

图 1-36 IDEAL VFF5 可视
红光源光纤检测器

1.2.8 可视红光源光纤检测器

现场安装人员应负责光纤链路的连通性检查，使用可视红光源检测器可对整个光纤链路中断点进行检查。在断点处可直接观察到有红光露出，被测光纤长度可达 5km。它适合光跳线的检查，并可用于识别光纤工作区与配线架之间的对应关系，便于标识管理。IDEAL VFF5 可视红光源光纤检测器如图 1-36 所示。

1.2.9 LANTEK6/7 线缆认证测试仪

LANTEK6/7 线缆认证测试仪智能化比较高，又是中文操作系统。对于测试中的项目和测试记录，只需要按动"测试按键"，就能快速地得到明确的结果。

如图 1-37 所示为 LANTEK6/7 线缆认证测试仪外形。

图 1-37 LANTEK6/7 线缆认证测试仪

1. **LANTEK 6/6A/7G 产品特点：**

（1）全中文操作界面及在线帮助。

（2）主机采用业界最明亮的 4 英寸彩色 VGA 液晶显示器，远端机提供双行黑白液晶屏幕。

（3）可直接以图形方式直观地显示测试结果。

（4）应用专利技术，只需一套适配器即可完成信道、链路测试及现场校准，有效降低用户投资。

（5）LANTEK6 测试带宽达 350MHz，超过 6 类/ISO E 级标准。

（6）LANTEK6A 测试带宽达 500MHz，满足增强 6 类标准。

（7）LANTEK7G 测试带宽达 1000MHz，超过 ISO F 级标准草案。

（8）信道与链路测试全部通过 ETL Ⅲ/Ⅳ 级精度认证。

（9）自动测试（包括图形）只需 20s。

（10）LANTEK6 可完全升级为 LANTEK6A 或 7G，以最大的灵活性满足测试需要，充分保护用户资金投入。

（11）嵌入式 TDR 功能，实现铜缆与光纤故障定位。

（12）配合 IDEAL 首创的光纤选件可显示光纤链路中事件的距离与规模。

（13）提供 RS232 及 USB 接口，实现上载测试结果及固件升级。

（14）两个全功能 PCMCIA 插槽，可插接小型闪存卡（Compact Flash Memory），并可用于将来的功能扩展。

（15）免费提供固件升级，并提供本地化的技术支持与维修。

2. LANTEK 6/6A/7G 性能指标（见表 1-1）

表 1-1　　　　　　　　　　　　LANTEK 6/6A/7G 性能指标

项目	LANTEK6/6A	LANTEK7
测试标准	ANSI/TIA/EIA 568B/C，6/6A 类，ISO C/D/E 级，AS/NZS 3080，IEEE 802.3，EN50173，EN50173.A1	在 LANTEK6/6A 测试标准中增加：Cat 7 类，ISO F 级测试标准
电缆类型	UTP/ScTP/FTP；3/5e/6/6A 类；ISO C/D/E 级（信道与链路）IBM STP 1，2，6 型同轴电缆 110/66/210 模块	在 LANTEK6 电缆类型中增加：Cat 7 类，ISO F 级电缆
自动测试存储容量（内存）	无图形测试 30000 条	
	有图形测试 500 条（取决于测试标准与测试项目）	
自动测试存储容量（64M 闪存）	无图形测试 30000 条	
	有图形测试 500 条（取决于测试标准与测试项目）	
尺寸（主机与远端）	256mm×127mm×58mm（10.1″×5.0″×2.3″）	
重量	显示装置：1050g；远端装置：914g；电池：548g	
电池组	NiMH 可充电	
电池标准使用时间	8h	
操作温度	0～50℃	
存储温度	−20～70℃	
湿度	5％～90％（不冷凝）	

3. LANTEK 6/6A/7G 主要技术指标（见表 1-2）

表 1-2　　　　　　　　　　　　LANTEK 6/6A/7G 主要技术指标

测量指标	测量范围			分辨率	精度
长度	0～2000 英尺			1 英尺	±（3％+3 英尺）
延迟	0～8000ns			1ns	±（3％+1ns）
特性阻抗	35～180Ω			0.1Ω	±（3％+1Ω）
电容（合计）	0～100nF			1PF	±（2％+20pF）
电容（每英尺）	0～100nF			0.1pF	±（2％+1pF）
环路电阻	0～200Ω			0.1Ω	±（1％+2Ω）
衰减	LANTEK6 1～350MHz	LANTEK6A 1～500MHz	LANTEK7G 1～1000MHz	0.1dB	＊ETL Ⅲ/Ⅲe/Ⅳ
近端串扰	LANTEK6 1～350MHz	LANTEK6A 1～500MHz	LANTEK7G 1～1000MHz	0.1dB	ETL Ⅲ/Ⅲe/Ⅳ
回波损耗	LANTEK6 1～350MHz	LANTEK6A 1～500MHz	LANTEK7G 1～1000MHz	0.1dB	ETL Ⅲ/Ⅲe/Ⅳ
远端串扰	LANTEK6 1～350MHz	LANTEK6A 1～500MHz	LANTEK7G 1～1000MHz	0.1dB	ETL Ⅲ/Ⅲe/Ⅳ
底噪	＜−90dB				
动态测量范围	＞90dB				

第 **2** 章

智能家居强/弱电配电系统与布线线缆

> **重点内容：**智能家居系统分有线系统和无线系统，但都需要电源（强电）。
>
> 本章的主要内容介绍了智能家居系统强电的配电与布线，还重点介绍了智能家居有线系统的电器安装与布线操作。

2.1 家居电气设计规范与基本原则

2.1.1 家居电气设计规范

规范依据：根据《2008 年工程建设标准规范制订、修订计划（第一批）》。

规范主要条文：GB 50096—2010《住宅设计规范》的主要条文内容。

（1）每套家居的用电负荷因套内建筑面积、建设标准、采暖（或过渡季采暖）和空调器的方式、电炊、洗浴热水等因素而有很大的差别。

该规范仅提出必须达到的下限值。每套家居用电负荷中应包括照明、插座、小型电器等，并为今后扩展留有余地。考虑家用电器的特点，用电设备的功率因数为 0.9。

（2）家居供电系统设计的安全要求。在 TN 系统（保护接零系统）中，壁挂式空调器的插座回路可不设剩余电流保护装置，但在 TT 系统（保护接地系统）中所有插座回路均应设剩余电流保护装置。

为了避免接地故障引起的电气火灾，家居建筑要采取可靠的接地措施。由于防火剩余电流动作值不宜大于 500mA，为减少误报和误动作次数，设计中要根据线路容量、线路长短、敷设方式、空气湿度等因素，确定在电源进线处或配电干线的分支处设置剩余电流动作报警装置。

> **等电位概念：**"总等电位连接"用来均衡电位，降低人体受到电击时的接触电压，是接地保护的一项重要措施，如图 2-1 所示。"辅助等电位连接"用于防止出现危险的接触电压。

局部等电位连接包括卫生间内金属给排水管、金属浴盆、金属采暖管以及建筑物钢筋网和卫生间电源插座的 PE 线，可不包括金属地漏、扶手、浴巾架、肥皂盒等孤立金属物。尽管住宅卫生间目前多采用铝塑管、PPR 等非金属管，但考虑住宅施工中管材更换、住户二次装修等因素，还是要设置局部等电位接地或预留局部接地端子盒。

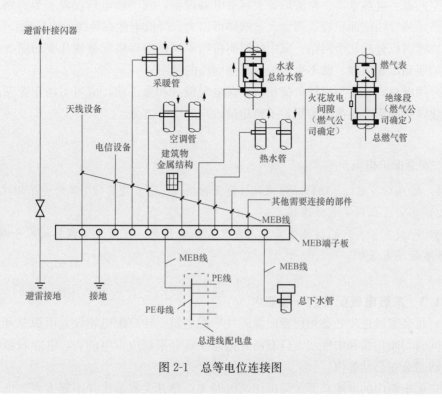

图 2-1　总等电位连接图

（3）为保证安全和便于管理，对每套家居的电源总断路器提出了相应要求。

（4）为了避免儿童玩弄插座发生触电危险，要求安装高度在 1.8m 及以下的插座采用安全型插座。

（5）强调住宅公共照明要选择高效节能的照明装置和节能控制。设计中要具体分析，因地制宜，采用合理的节能控制措施，并且要满足消防控制的要求。

（6）电源插座的设置应满足家用电器的使用要求，尽量减少移动插座的使用。为方便居住者安全用电，规定了电源插座的设置数量和部位的最低标准。

（7）住宅的信息网络系统可以单独设置，也可利用有线电视系统或电话系统来实现。

（8）根据《安全防范工程技术规范》，对于建筑面积在 50 000m² 以上的住宅小区，要根据建筑面积、建设投资、系统规模、系统功能和安全管理要求等因素，设置基本型、提高型、先进型的安全防范系统。

（9）门禁系统必须满足紧急逃生时人员疏散的要求。当发生火警或需紧急疏散时，住宅楼疏散门的防盗门锁必须能集中解除或现场顺疏散方向手动解除，集中打开，使人员能迅速安全通过并安全疏散。

2.1.2 家居配电线路设计基本原则

(1) 照明灯、普通插座、大容量电器设备插座的回路必须分开。如果插座回路的电器设备出现故障，仅此回路电源中断，不会影响照明回路的工作，便于对故障回路进行检修。

对空调器、电热水器、微波炉等大容量电器设备，宜一台电器设置一个回路。大容量用电回路的导线截面积应适当加大，这样可以大大降低电能在导线上的损耗。

(2) 照明应分成几个回路。家中的照明可按不同的房间搭配分成几个回路，一旦某一回路的照明出现故障，就不会影响到其他回路的照明。

(3) 用电总容量要与设计负荷相符。在电气设计和施工前，应当向物业管理部门了解住宅建筑时的用电负荷总容量，不得超过该户的设计负荷。

安全保护措施：

(1) 插座及浴室灯具回路必须采取接地保护措施。浴室灯具的金属外壳必须接地。

(2) 浴室应采用等电位连接。

(3) 即使有了良好的接地装置，仍应配置漏电开关。挂壁式空调器因人手难以碰到，可不带漏电保护。

2.1.3 家居电气配置的一般要求

(1) 每套家居进户处必须设置嵌墙式住户配电箱。住户配电箱设置电源总开关，该开关能同时切断相线和中性线，且有断开标志。每套家居应设电能表，电能表箱应分层集中嵌墙暗装在公共部位。

住户配电箱内的电源总开关应采用两极开关，总开关容量选择不能太大，也不能太小；要避免出现与分开关同时跳闸的现象。

(2) 家居电器开关、插座的配置应能够满足需要，并对未来家庭电器设备的增加预留有足够的插座。家居各个房间可能用到的开关、插座数量见表2-1。

表 2-1　　　　　家居各个房间可能用到的开关、插座数量

房间	开关或插座名称	数量	设置说明
主卧室	双控开关	2	主卧室顶灯，卧室采用双控开关非常必要，尽量使每个卧室都采用双控
	五孔插座	4	两个床头柜处各1个（用于台灯或落地灯）、电视电源插座1个、备用插座1个
	三孔16A插座	1	空调器插座没必要带开关，现在设计的室内大功率电器都由空气开关控制，不用时将空调器的一组单独关掉即可
	有线电视插座	1	—
	电话及网线插座	各1	—

房间	开关或插座名称	数量	设置说明
次卧室	双控开关	2	控制次卧室顶灯
	五孔插座	3	两个床头柜处各 1 个、备用插座 1 个
	三孔 16A 插座	1	用于空调器供电
	有线电视插座	1	—
	电话及网线插座	各 1	—
书房	单联开关	1	控制书房顶灯
	五孔插座	3	台灯、计算机、备用插座
	电话及网线插座	各 1	—
	三孔 16A 插座	1	用于空调器供电
客厅	双控开关	2	用于控制客厅顶灯（有的客厅距入户门较远，所以做成双控的会很方便）
	单联开关	1	用于控制玄关灯
	五孔插座	7	电视机、饮水机、DVD、鱼缸、备用等插座
	三孔 16A 插座	1	用于空调器供电
	有线电视插座	1	—
	电话及网线插座	各 1	—
厨房	单联开关	2	用于控制厨房顶灯、餐厅顶灯
	五孔插座	3	电饭锅及备用插座
	三孔插座	3	抽油烟机、豆浆机及备用插座
	一开三孔 10A 插座	2	用于控制小厨宝、微波炉
	一开三孔 16A 插座	2	用于电磁炉、烤箱
	一开五孔插座	1	备用
餐厅	单联开关	3	用于灯带、吊灯、壁灯
	三孔插座	1	用于电磁炉
	五孔插座	2	备用
阳台	单联开关	2	用于控制阳台顶灯等
	五孔插座	1	备用
主卫生间	单联开关	1	用于控制卫生间顶灯
	一开五孔插座	2	用于洗衣机、吹风机
	一开三孔 16A 插座	1	用于电热水器供电（若使用天然气热水器可不考虑安装一开三孔 16A 插座）
	防水盒	2	用于洗衣机和热水器插座
	电话插座	1	—
	浴霸专用开关	1	用于控制浴霸
次卫生间	单联开关	1	用于控制卫生间顶灯
	一开五孔插座	1	用于电吹风供电
	防水盒	1	用于电吹风插座
	电话插座	1	—
走廊	双控开关	2	用于控制走廊顶灯，如果走廊不长，安装一个普通单联开关即可
楼梯	双控开关	2	用于控制楼梯灯
备注	墙上所有预留的开关插座，如果用得着就装，用不着就装空白面板（空白面板简称白板，用来封闭墙上预留的插线盒或弃用的开关、插座孔），千万别堵上		

（3）插座回路必须加漏电保护。电器插座所接的负荷基本上都是人手可触及的移动电器（如吸尘器、打蜡机、落地扇或台式风扇）或固定电器（如电冰箱、微波炉、电加热淋浴器和洗衣机等）。当这些电器设备的导线受损（尤其是移动电器的导线）或人手可触及电器设备的带电外壳时，就有电击危险。

（4）阳台应设人工照明。阳台装置照明可改善环境，方便使用，尤其是封闭式阳台设置照明十分必要。阳台照明线宜穿管暗敷。若造房时未预埋，则应用护套线明敷。

（5）住宅应设有线电视系统，其设备和线路应满足有线电视网的要求。

（6）每户电话进线不应少于两对，其中一对应通到计算机桌旁，以满足上网需要。

（7）电源、电话、电视线路应采用阻燃型塑料管暗敷。电话和电视等弱电线路也可采用钢管保护，电源线采用阻燃型塑料管保护。

（8）电气线路应采用符合安全和防火要求的敷设方式配线，导线应采用铜导线。

（9）由电能表箱引至住户配电箱的铜导线截面积不应小于 $10\mathrm{mm}^2$，住户配电箱的照明分支回路的铜导线截面积不应小于 $2.5\mathrm{mm}^2$，空调器回路的铜导线截面积不应小于 $4\mathrm{mm}^2$。

（10）防雷接地和电气系统的保护接地是分开设置的。

2.1.4 家居电气配置设计方案

家居电气配置设计提示：

住宅电路的设计一定要详细考虑可能性、可行性、实用性之后再确定，同时还应该注意其灵活性。下面介绍一些基本设计思路。

（1）卧室顶灯可以考虑三控开头（两个床边和进门处），遵循两个人互不干扰休息的原则设置。

（2）客厅顶灯根据生活需要可以考虑装双控开关（进门厅和主卧室门处）。

（3）环绕的音响线应该在电路改造时就埋好。

（4）注意强弱电线不能在同一管道内，否则会有干扰。

（5）客厅、厨房、卫生间如果铺磁砖，一些位置可以适当考虑不用开槽布线。

（6）插座离地面一般为30cm，不应低于20cm；开关一般距地面140cm。

（7）排风扇开关、电话插座应装在马桶附近，而不是卫生间门的墙上。

（8）浴霸应考虑装在靠近淋浴房或浴缸的正上方位置。

（9）阳台、走廊、衣帽间可以考虑预留插座。

（10）带有镜子和衣帽钩的空间，要考虑镜面附近的照明。

（11）客厅、主卧、卫生间应根据个人生活习惯和方便性考虑预设电话线。

（12）插座的安装位置很重要，常有插座正好位于床头柜后边，造成柜子不能靠墙的情况发生。

（13）电视机、计算机背景墙的插座可适当多一些，但也没必要设置太多插座，最好是使用时连接一个插线板放在电视机、计算机的侧面。

（14）电路改造有必要根据家电使用情况，考虑进行线路增容。

（15）安装漏电保护器和空气开关的分线盒应放在室内，以防止他人断电搞破坏。

（16）装灯带不实用、不常用，华而不实。在设计安装灯带时应与业主沟通并说明。

1. 家庭配电箱的设计思路

由于各家各户用电情况及布线上的差异，配电箱只能根据实际需要而定。一般照明、插座、容量较大的空调器或其他电器各为一个回路，而一般容量的壁挂式空调器可设计两个或一个回路。当然，也有厨房、空调器（无论容量大小）各占一个回路的，并且在一些回路中应安装漏电保护。家用配电箱一般有6、7、10个回路（若箱体大，还可增设更多的回路），在此范围内安排的开关，究竟选用何种箱体，应考虑住宅、用电器功率大小、布线等，并且还必须控制总容量在电能表的最大容量之内（目前，家用电能表一般为10~40A）。

2. 家庭总开关容量的设计计算

家庭的总开关容量应根据具体用电器的总功率来选择，而总功率是各分路功率之和的0.8，即总功率为

$$P_{总} = (P_1 + P_2 + P_3 + \cdots + P_n) \times 0.8$$

总开关承受的电流应为

$$I_{总} = 4.5 P_{总} / V$$

式中　　　　　　$P_{总}$——总功率（容量），kW；

P_1，P_2，P_3，$\cdots$，P_n——各分路功率，kW；

$I_{总}$——总电流，A；

4.5——总开关承受的电流倍数。

3. 分路开关的设计

分路开关的承受电流为

$$I_{分} = 0.8 P_n / V \times 4.5 (A)$$

空调器回路要考虑到启动电流，其承受电流为

$$I_{空调器} = (0.8 P_n / V \times 4.5) \times 3 (A)$$

分回路要按家庭区域划分。一般来说，分路的容量选择在1.5kW以下，单个用电器的功率在1kW以上的建议单列一分回路（如空调器、电热水器、取暖器等大功率家用电器）。

4. 导线截面积的设计计算

一般铜导线的安全载流量为5~8A/mm²，如截面积为2.5mm² BVV铜导线安全载流量的推荐值为2.5mm²×8A/mm²＝20A，截面积为4mm² BVV铜导线安全载流量的推荐值为4mm²×8A/mm²＝32A。

考虑到导线在长期使用过程中要经受各种不确定因素的影响，一般按照以下经验公式估算导线截面积，即

$$导线截面积(mm^2) \approx I/4(A)$$

实例：某家用单相电能表的额定电流最大值为 40A，则选择导线为

$$I/4 \approx 40/4 = 10(mm^2)$$

即选择截面积为 $10mm^2$ 的铜导线。

按照国家标准的有关规定，家装电路应使用铜芯线，而且应尽量使用较大截面积的铜芯线。如果导线截面积过小，其后果是导线发热加剧，外层绝缘老化加速，易导致短路和接地故障。

> ⚙ **施工经验指导：** 在电能表前的电源铜导线截面积应选择 $10mm^2$ 以上，家庭内的一般照明及插座铜导线截面积选择 $2.5mm^2$，而空调器等大功率家用电器的铜导线截面积至少应选择 $4mm^2$。

5. 插座回路的设计

（1）住宅内空调器电源插座、普通电源插座、电热水器电源插座、厨房电源插座和卫生间电源插座与照明应分开回路设置。

（2）电源插座回路应具有过载、短路保护和过电压、欠电压保护或采用带多种功能的低压断路器和漏电综合保护器，宜同时断开相线和中性线，不应采用熔断器作为保护元件。

（3）每个空调器电源插座回路中电源插座数不应超过 2 个。柜式空调器应采用单独回路供电。

（4）卫生间应做局部辅助等电位连接。

（5）厨房与卫生间靠近时，在其附近可设分配电箱，给厨房和卫生间的电源插座回路供电。这样可以减少住户配电箱的出线回路，减少回路交叉，提高供电可靠性。

（6）从配电箱引出的电源插座分支回路导线应采用截面积不小于 $2.5mm^2$ 的铜芯塑料线。

6. 家居配电电路设计标准

以上海住宅为例，家居配电电路设计要依照《住宅设计标准》（DGJ 08-20—2007）规定每户的电气设备标准进行。

（1）每套住宅进户处必须设嵌墙式住户配电箱。住户配电箱设置电源总开关，该开关能同时切断相线和中性线，且有断开标志。每套住宅应设电能表，电能表箱应分层集中嵌墙暗装设在公共部位。

住户配电箱内的电源总开关应采用两极开关，总开关容量选择不能太大，也不能太小；要避免出现与分开关同时跳闸的现象。电能表箱通常分层集中安装在公共通道上，这是为了便于抄表和管理，嵌墙安装是为了不占据公共通道，目前上海正在个别居民小区内试行自动抄表法。

（2）小套住宅（使用面积不得低于 $38m^2$）用电负荷设计功率为 4kW；中套住宅（使用面积不得低于 $49m^2$）用电负荷设计功率为 4.6kW；大套住宅（使用面积不得低于 $59m^2$）用电负荷设计功率为 6~8kW。

随着居民生活水平的提高，家用电器大量的涌入了普通家庭，使每户的用电负荷迅速增长，再按照以前每户用电负荷计算是远远不够的；于是《住宅设计标准》（DGJ 08-20—2007）规定每户的用电负荷计算功率为 4kW，电能表选用 5（20）A。居民收入的增加和家用电器的降价，使一户使用两台空调器、两台电视机、两台计算机的数量大量增加，促使了每户用电负荷的再次猛增，因此，《住宅设计标准》（DGJ 08-20—2007）规定每户的用电负荷设计功率由 4kW 增加到 4～8kW。即高标准中套住宅按 6kW 设计，高标准商品房和 130m² 以上的住宅按 8kW 设计，电能表全部采用 10（40）A 单相电能表。

（3）电源插座要选用防护型，其配置不应少于以下规定：

1）单人卧室设单相两极插座和单相三极组合插座两只，单相三极空调插座一只。

2）起居室、双人卧室和主卧室设单相两极插座和单相三极组合插座三只，单相三极空调插座一只。

3）厨房设单相两极插座和单相三极组合插座及单相三极带开关插座各一只，并在排油烟器高度附近设单相三极插座一只。

4）卫生间设单相两极插座和单相三极组合插座一只，有洗衣机的卫生间，应增加单相三极带开关插座一只，插座应采用防溅式。

上述插座的规定是最小值，如果要用临时线加接插排做使用补充时，一块插排上接用 3～4 个用电电器是常见现象；如果这些电器都是小容量的电气设备（如家用计算机要有 4～5 个插排插座），这是允许的。但不允许插排插座上接入电水壶、电暖气的大容量的电气设备。

（4）插座回路必须加漏电保护。电气插座所连接的负荷基本上都是人手可以触及的移动电器（如吸尘器、落地电风扇、打蜡机）或固定电器（如电冰箱、微波炉、除湿机和洗衣机等）。当这些电气设备的外接导线受损时或当人手触及到电气设备带电的外壳时，就会有触电的危险；因此，《住宅设计标准》（DGJ 08-20—2007）规定：除了壁挂式空调器的电源插座外，其他电源插座都要设置漏电保护装置。

（5）阳台照明。阳台照明线的敷设要穿管暗敷；在建造住宅时没有预埋的，要采用护套线明敷。

（6）建筑住宅的公共部分必须设置人工照明，除了高层建筑住宅的电梯厅设应急照明外，其余的均应采用节能开关。公共照明的电源要接在公共电能表上。

根据消防规定：高层住宅的电梯厅照明和应急照明是不允许关闭的，因此不能采用节能开关。

（7）住宅应该设有有线电视系统，其设备和线路应满足有线电视网的技术要求，小套型住宅应设有线电视系统双孔 2 盒一只；中套型住宅、大套型住宅应设不少于两只有线电视系统双孔终端盒，在终端盒旁边应设电源插座。

（8）住宅电话的通信管线必须进户，每户的电话进线不应少于两对；小套型住宅电话插座不应少于两只；中套型、大套型住宅电话插座不应少于三只。

（9）电源、电话、电视线路应采用阻燃型塑料管暗敷，也可采用钢管。电源线采用阻燃型塑料管暗敷。

（10）电气线路必须采用符合安全和防火规范的敷设方式配线，导线要采用铜芯线。

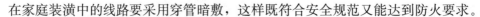

在家庭装潢中的线路要采用穿管暗敷，这样既符合安全规范又能达到防火要求。

（11）由电能表箱引至住宅用户配电箱的铜导线的截面不应小于 $10mm^2$，用户配电箱的配电分支回路的铜导线截面不小于 $2.5mm^2$。

住宅电气设计要适应 21 世纪的用电发展，电气线路的容量必须留有裕量，一般住宅的设计寿命为 50 年，因此，电气设计至少要考虑到未来 20～30 年的负荷增长需求。住宅楼的电气线路设计绝大多数采用暗管敷设，如果考虑到造价，电源线不增加裕量，那么暗管的直径至少要加大 1～2 挡的管径。对于室内的分支线路，可采用嵌墙安装线槽，这种线槽在室内护墙板的配合下，既可作为保护墙面的装饰，又可以在线槽内任意增加分支线路及在线槽上任意设置终端电器（如插座）。

（12）接地。上海住宅供电系统规定采用 IT 系统，供电公司以三相四线进户，每栋建筑物单独设置专用接地线（PE 线）。在每栋建筑物的进户处设置一组接地极和皿线相连，接地电阻不大于 4Ω。

防雷接地和电气系统的保护接地是分开设置的，防雷接地电阻不大于 10Ω。

如图 2-2 所示，为典型住宅照明电气平面图。

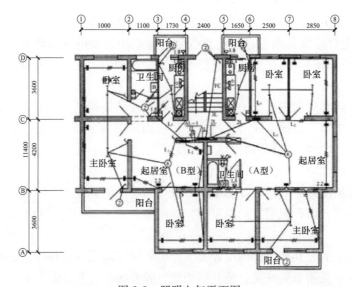

图 2-2　照明电气平面图

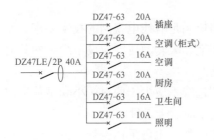

图 2-3　家居配电方案一

7. 家居配电电路不同设计方案实例

（1）家居配电方案一如图 2-3 所示。

（2）家居配电方案二如图 2-4 所示。

（3）家居配电方案三如图 2-5 所示。

（4）家居配电方案四如图 2-6 所示。

（5）家居配电方案五如图 2-7 所示。

（6）家居配电方案六如图 2-8 所示。

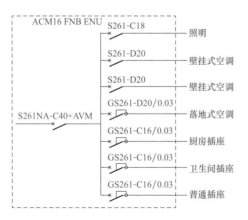

表格：

用途	产品型号
终端配电箱	ACM16 FNB ENU
进线总开关	S261NA-C40+AVM
照明回路	S261-C16
壁挂式空调回路	S261-D20
落地式空调回路	GS261-D20/0.03
插座回路	GS261-C16/0.03

图 2-4   家居配电方案二

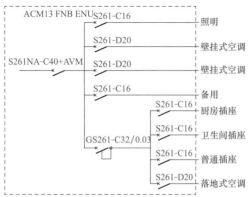

用途	产品型号
终端配电箱	ACM13 FNB ENU
进线总开关	S261NA-C40+AVM
照明回路	S261-C16
壁挂式空调回路	S261-D20
落地式空调回路	SS261-D20
剩余电流保护回路	GS261-C32/0.03
插座回路	S261-C16

图 2-5   家居配电方案三

用途	产品型号
终端配电箱	ACP23 FNB ENU
进线总开关	S261NA-C63+AVM
照明回路	S261-C16
插座回路	GS261-C20/0.03
落地式空调回路	GS261-D20/0.03
壁挂式空调回路	S261-D20
避雷回路	S262H-C16
电涌保护器	OVR 1N-15-275

图 2-6   家居配电方案四

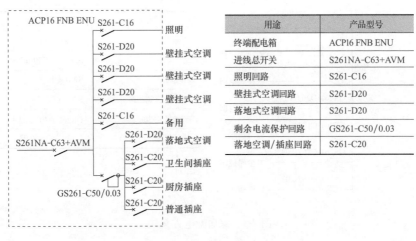

用途	产品型号
终端配电箱	ACP16 FNB ENU
进线总开关	S261NA-C63+AVM
照明回路	S261-C16
壁挂式空调回路	S261-D20
落地式空调回路	S261-D20
剩余电流保护回路	GS261-C50/0.03
落地空调/插座回路	S261-C20

图 2-7　家居配电方案五

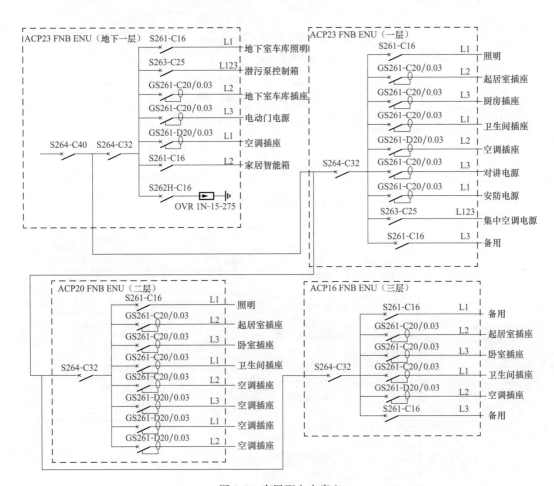

图 2-8　家居配电方案六

2.2 家居配电箱的安装与接线

为了安全供电,每个家居都要安装一个配电箱。楼宇住宅通常有两个配电箱,一个是统一安装在楼层总配电间的配电箱,主要安装的是家庭的电能表和配电总开关;另一个则是安装在家居内的配电箱,主要安装的是分别控制房间各条线路的断路器,许多家庭在室内配电箱中还安装有一个总开关。

2.2.1 家居配电箱的结构

 家庭户内配电箱的作用:

家庭户内配电箱担负着住宅内的供电与配电任务,并具有过载保护和漏电保护功能。配电箱内安装的电气设备可分为控制电器和保护电器两大类:控制电器是指各种配电开关;保护电器是指在电路某一电器发生故障时,能够自动切断供电电源的电器,从而防止出现严重后果。

家庭户内配电箱的外壳有金属外壳和塑料外壳两种,主要由箱体、盖板、上盖和装饰片等组成。对配电箱的制造材料要求较高,上盖应选用耐热阻燃 PS 塑料,盖板应选用透明 PMMA,内盒一般选用 1.00mm 厚度的冷轧板并表面喷塑。家用配电箱的结构如图 2-9 所示。

家庭户内配电箱一般嵌装在墙体内,外面仅可见其面板。住宅配电箱一般由电源总闸单元、漏电保护单元和回路控制单元构成。

图 2-10 所示为建筑面积在 140m² 左右的普通家庭户内配电箱设计实例。

家庭户内配电箱三个单元的功能:

(1) 家庭户内配电箱电源总闸单元。一般位于配电箱的最左边,采用电源总闸(隔离开关)作为控制元件,控制着入户总电源。拉下电源总闸,即可同时切断入户的交流 220V 电源的相线和零线。

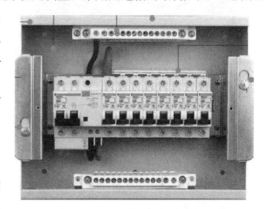

图 2-9 家用配电箱的结构

(2) 家庭户内配电箱漏电保护器单元。一般设置在电源总闸的右边,采用漏电断路器(漏电保护器)作为控制与保护元件。漏电断路器的开关扳手平时朝上处于“合”位置;或万一有人触电时,漏电断路器会迅速动作切断电源(这时可见开关扳手已朝下处于“分”位置)。

(3) 家庭户内配电箱回路控制单元。一般设置在配电箱的右边,采用断路器作为控制元件,将电源分若干路向户内供电。对于小户型住宅(如一室一厅),可分为照明回路、插座回路和空调器回路。各个回路单独设置各自的断路器和熔断器。对于中等户

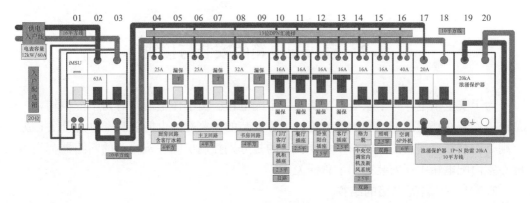

图 2-10　家庭户内配电箱设计实例

型、大户型住宅（如两室一厅一厨一卫、三室一厅一厨一卫等），在小户型住宅回路的基础上可以考虑适当增设一些控制回路，如客厅回路、主卧室回路、次卧室回路、厨房回路、空调器 1 回路、空调器 2 回路等，一般可设置 8 个以上的回路，居室数量越多，设置的回路就越多，其目的是达到用电安全、方便。

图 2-11　装修中采用暗装的配电箱

2.2.2　家居配电箱的安装与接线

1. 户内配电箱安装位置的确定

家庭户内配电箱的安装可分为明装、暗装和半露式三种。明装通常采用悬挂式，可以用金属膨胀螺栓等将箱体固定在墙上；暗装为嵌入式，应随土建施工预埋，也可在土建施工时预留孔然后采用预埋。现代家居装修一般采用暗装配电箱，如图 2-11 所示。

对于楼宇住宅新房，一般在进门处靠近天花板的适当位置留有户内配电箱的安装位置，许多开发商已经将户内配电箱预埋安装，装修时应尽量用原来的位置。

配电箱安装位置要求：

　　配电箱多位于门厅、玄关、餐厅和客厅，有时也会装在走廊。如果需要改变安装位置，则在墙上选定的位置开一个孔洞，孔洞应比配电箱的长和宽各大 20mm 左右，预留的深度为配电箱厚度加上洞内壁抹灰的厚度。在预埋配电箱时，箱体与墙之间填以混凝土即可把箱体固定住。

　　总之，户内配电箱应安装在干燥、通风部位，且无妨碍物，方便使用，绝不能将配电箱安装在箱体内，以防火灾。同时，配电箱不宜安装过高，一般安装标高为 1.8m，以便于操作。

2. 户内配电箱的安装

（1）箱体必须完好无损。进配电箱的电线管必须用锁紧螺母固定。

（2）配电箱埋入墙体应垂直、水平。

（3）若配电箱需开孔，孔的边缘必须平滑、光洁。

（4）箱体内接线汇流排应分别设立零线、保护接地线、相线，且要完好无损，具备良好绝缘。

（5）配电箱内的接线应规则、整齐，端子螺钉必须紧固。

（6）各回路进线必须有足够长度，不得有接头。

（7）安装完成后必须清理配电箱内的残留物。

（8）配电箱安装后应标明各回路的使用名称。

图 2-12 所示为普通户内配电箱安装示意图。

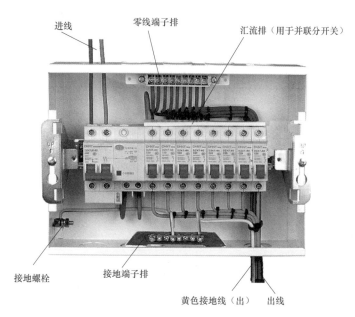

图 2-12　普通户内配电箱安装示意图

3. 户内配电箱的接线

（1）把配电箱的箱体在墙体内用水泥固定好，同时把从配电箱引出的管子预埋好，然后把导轨安装在配电箱底板上，将断路器按设计好的顺序卡在导轨上，各条支路的导线在管中穿好后，其末端接在各个断路器的接线端。

（2）如果用的是单极断路器，只把相线接入断路器。在配电箱底板的两边各有一个铜接线端子排：一个与底板绝缘，是零线接线端子，进线的零线和各出线的零线都接在这个接线端子上；另一个与底板相连，是地线接线端子，进线的地线和各出线的地线都接在这个接线端子上。

（3）如果用的是两极断路器，把相线和零线都接入开关，在配电箱底板的边上只有一个铜接线端子排（它是地线接线端子）。

（4）接完线以后，先装上前面板，再装上配电箱门，在前面板上贴上标签，写上每个断路器的功能。

（5）导线接线完毕并进行了绑扎。绑扎后的整体实物图如图 2-13 所示。

导线绑扎经验指导：

1）导线要用塑料扎带绑扎，扎带宽度要合适，间距要均匀，一般为 100mm。

2）扎带扎好后，多余的部分要用钳子剪掉。

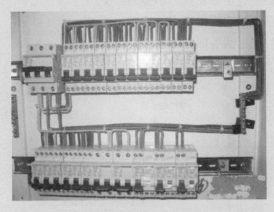

图 2-13　家居配电箱接线绑扎实物图

家居配电箱安装须知：

（1）配电箱规格型号必须符合国家现行统一标准的规定；材质为铁质时，应有一定的机械强度，周边平整无损伤，涂膜无脱落，厚度不小于 1.0mm；进出线孔应为标准的机制孔，大小相适配，通常将进线孔靠箱左边，出线孔安排在中间，管间距在 10～20mm，并根据不同的材质加设锁扣或护圈等，工作零线汇流排与箱体绝缘，汇流排材质为铜质；箱底边距地面不小于 1.5m。

（2）箱内断路器和漏电断路器安装牢固；质量应合格，开关动作灵活可靠，漏电装置动作电流不大于 30mA，动作时间不大于 0.1s；其规格型号和回路数量应符合设计要求。

（3）箱内的导线截面积应符合设计要求，材质合格。

（4）箱内进户线应留有一定余量，一般为箱周长的一半。走线规矩、整齐，无绞接现象，相线、工作零线、保护地线的颜色应严格区分。

（5）工作零线、保护电线应经汇流排配出，户内配电箱电源总断路器（总开关）的出线截面积不应小于进线截面积，必要时应设相线汇流排。10mm² 及以下单股铜芯线可直接与设备器具的端子连接，小于或等于 2.5mm² 多股铜芯线除设备自带插接式端子外，应接续端子后与设备器具的端子连接，但不得采用开口端子。多股铜芯线与插接式端子连接前端部拧紧搪锡；对可同时断开相线、零线的断路器的进出导线应左边端子孔接零线，右边端子孔接相线连接。箱体应有可靠的接地措施。

（6）导线与端子连接紧密，不伤芯，不断股；插接式端子线芯不应过长，应为插接端子深度的 1/2；同一端子上的导线连接不多于 2 根，且截面积相同；防松垫圈等零件齐全。

（7）配电箱的金属外壳应可靠接地，接地螺栓必须加弹簧垫圈进行防松处理。

（8）配电箱箱内回路编号齐全，标识正确。

（9）若设计与国家有关规范相违背，应及时与设计师沟通，修改后再进行安装。

2.3　家居电源插座、照明开关的选用与安装

2.3.1　电源插座的选用与安装

插座是电器插头与电源的连接点。家庭居室使用的插座均为单相插座。按照国家标准规定，单相插座可分为两孔插座和三孔插座，如图 2-14 所示。

图 2-14　常用单相插座

1. 单相插座常用的规格

单相插座常用的规格为：250V/10A 的普通照明插座，250V/16A 空调器、热水器用的三孔插座。

住宅常用的源插座面板有 86 型、120 型、118 型和 146 型。目前最常用的是 86 型插座，其面板尺寸为 86mm×86mm，安装孔中心距为 60.3mm。

根据组合方式，插座有单联插座和双联插座。单联插座有单联两孔插座、单联三孔插座；双联插座有双联两孔插座、双联三孔插座。这些插座的商品名分别为单相两孔插座、单相三孔插座、单相四孔插座、单相五孔插座。此外，还有带指示灯插座和带开关插座等，如图 2-15 所示。

插座根据控制形式可分为无开关、总开关、多开关三种类别。一般建议选用多开关的电源插座，一个开关按钮控制一个电源插头，除了安全外也能控制待机耗电以便节约能源，多用于家用电器，如微波炉、洗衣机等。

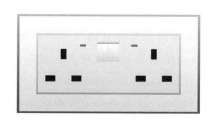

图 2-15　带指示灯插座

2. 电源插座的安装

（1）电源插座根据安装形式可以分为墙壁插座、地面插座两种类型。

1）墙壁插座可分为三孔插座、四孔插座、五孔插座等。一般来讲，住宅的每个主要墙面至少各有一个五孔插座，电器设置集中的地方应该至少安装两个五孔插座，如摆放电视机的位置。如要使用空调器或其他大功率电器，一定要使用带开关的 16A 插座。

2）地面插座可分为开启式、跳起式、螺旋式等类型；还有一类地面插座，不用的时候可以隐藏在地面以下，使用的时候可以翻开，既方便又美观。

（2）儿童房安装的电源插座一定要选用带有保护门的安全插座，因为这种插座孔内有绝缘片，在使用插座时，插头要从插孔斜上方向下撬动挡板再向内插入，可防止儿童触电。

图 2-16　防溅水型插座

（3）由于厨房和卫生间内经常会有水和油烟，一定要选择防水防溅的插座，防止因溅水而发生用电事故。在插座面板上最好安装防溅水盒或塑料挡板，能有效防止因油污、水汽侵入引起的短路，如图 2-16 所示。防溅水型插座是在插座外加装防水盖，安装时要用插座面板把防水盖和防水胶圈压住。不插插头时防水盖把插座面板盖住，插上插头时防水盖盖在插头上方。

3. 电源插座的安装位置

电源插座的安装位置必须符合安全用电的规定，同时要考虑将来用电器的安放位置和家具的摆放位置。为了方便插拔插头，室内插座的安装高度为 0.3～1.8m。安装高度为 0.3m 的称为低位插座，安装高度在 1.8m 的称为高位插座。按使用需要，插座可以安装在设计所要求的任何高度。

电源插座安装要求：

（1）厨房插座可装在橱柜以上、吊柜以下，为 0.85～1.4m，一般的安装高度为 1.2m 左右。抽油烟机插座当根据橱柜设计，安装在距地面 1.8m 处，最好能被排烟管道所遮蔽。近灶台上方处不得安装插座。

（2）洗衣机插座距地面 1.2～1.5m，最好选择带开关三孔插座。

（3）电冰箱插座距地面 0.3m 或 1.5m（根据电冰箱位置而定），且宜选择单三孔插座。

（4）分体式、壁挂式空调器插座宜根据出线管预留洞位置距地面 1.8m 处设置，窗式空调器插座可在窗口旁距地面 1.4m 处设置，柜式空调器电源插座宜在相应位置距地面 0.3m 处设置。

（5）电热水器插座应在热水器右侧距地面 1.4～1.5m，注意不要将插座设在电热器上方。

（6）厨房、卫生间的插座安装应尽可能远离用水区域，如靠近，应加配插座防溅盒。台盆镜旁可设置电吹风和剃须用电源插座，离地面 1.5～1.6m 为宜。

（7）露台插座距地面应在 1.4m 以上，且尽可能避开阳光、雨水所及范围。

（8）客厅、卧室的插座应根据家具（如沙发、电视柜、床）的尺寸来确定。一般来说，每个墙面的两个插座间距离应不大于 2.5m，在墙角 0.6m 范围内至少安装一个备用插座。

图 2-17 所示为不同电器插座安装位置。

4. 电源插座的接线

（1）单相两孔插座有横装和竖装两种。横装时，面对插座的右极接相线（L），左极接零线（中性线 N），即"左零右相"；竖装时，面对插座的上极接相线，下极接中性线，即"上相下零"。

（2）单相三孔插座接线时，保护接地线（PE）应接在上方，下方的右极接相线，左极接中性线，即"左零右相中 PE"。单相插座的接线方法如图 2-18 所示。

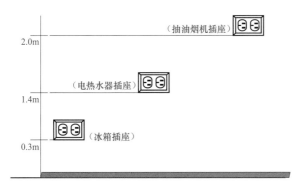

图 2-17 不同电器插座安装位置　　　　图 2-18 单相插座的接线

（3）多个单相插座在导线连接时，不允许拱头连接，应采用 LC 型压接帽压接总头后，再进行分支线连接。

5. 暗装电源插座

安装时，注意插座的面板应平整、紧贴墙壁的表面，插座面板不得倾斜，相邻插座的间距及高度应保持一致，安装步骤如图 2-19 所示。

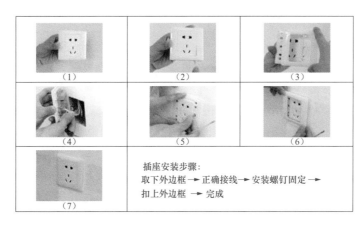

图 2-19 暗装电源插座安装步骤

6. 明装电源插座

明装电源插座安装步骤及操作方法见表 2-2。

表 2-2   明装电源插座安装步骤及操作方法

安装步骤	操作方法
(1)	将从盒内甩出的导线由塑料（木）台的出线孔中穿出
(2)	将塑料（木）台紧贴于墙面，用螺钉固定在盒子或木砖上。如果是明配线，木台上的隐线槽应先顺对导线方向，再用螺钉固牢
(3)	塑料（木）台固后，将甩出的相线、零线、保护地线按各自的位置从插座的线孔中穿出，按接线要求将导线压牢
(4)	将插座贴于塑料（木）台上，对中找正，用木螺钉固定牢固
(5)	固定插座面板

明装电源插座效果如图 2-20 所示。

2.3.2 照明开关的选用与安装

1. 普通照明开关的种类

（1）按面板类型分，有 86 型、120 型、118 型和 146 型和 75 型。目前家庭装修用得最多的有 86 型和 118 型。图 2-21 所示为 86 型单极开关。

图 2-20　明装电源插座　　　　　　图 2-21　86 型单极开关

（2）按开关连接方式分，有单极开关、两极开关、三极开关、三极加中线开关、有公共进入线的双路开关、有一个断开位置的双路开关、两极双路开关、双路换向开关（或中向开关）。

（3）按开关触头的断开情况分，有正常间隙结构开关，其触头分断间隙大于或等于 3mm；小间隙结构的开关，其触头分断间隙小于 3mm 但需大于 1.2mm。

（4）按启动方式分，有旋转开关、跷板开关、按钮开关、声控开关、触屏开关、倒板开关、拉线开关。单相照明开关的外形如图 2-22 所示。

（5）按有害进水的防护等级分，有普通防护等级 IPX0 或 IPX1 的开关（插座）、防溅型防护等级 IPX4 开关（插座）、防喷型防护等级 IPXe 开关（插座）。

图 2-22　单相照明开关

图 2-23 所示为防水开关外形。

（6）按接线端子分，有螺钉外露和不外露两种，选择螺钉不外露的开关更安全。

（7）按安装方式分，有明装开关和暗装开关。暗装开关结构如图 2-24 所示。

图 2-23　防水开关外形

　2. 照明开关的选用

（1）照明开关的种类很多，选择时应从实用、质量、美观、价格、装修风格等几个方面加以综合考虑。选用时，每户的开关、插座应选用同一系列产品，最好是选用同一厂家的产品。

（2）进门处的开关可使用带提示灯的，为夜间使用提供方便。否则，开关边上的墙面久了就会摸脏。而且摸索着开灯，总是给胆小的人带来很大的心理压力。

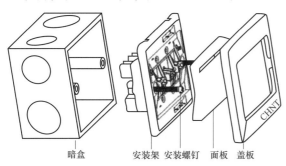

暗盒　　　安装架 安装螺钉 面板 盖板

图 2-24　暗装开关结构

（3）开关面板的尺寸应与预埋的开关接线盒的尺寸一致。

（4）安装于卫生间内的照明开关宜与排气扇共用，采用双联防溅带指示灯型，开关装于卫生间门则选带指示灯型；过道及起居室部分开关应选用带指示灯型的两地双控开关。

（5）楼梯间开关采用 GYZ 系列产品，该产品的灯头内设有一特殊的开关装置，夜间有人走入其控制区（7m）内时灯亮，经过延时 3min 后灯自熄。比常规方式省掉了一个开关和灯至开关间电线及其布管，经使用效果不错，作为楼梯间照明值得选用。

（6）跷板开关在家庭装修中用得很普遍。这种类型开关质量的好坏可从开关活动是否轻巧、接触是否可靠、面板是否光洁等来衡量。

（7）目前有一种结构新颖的家庭用防水开关，其触头全部密封在硬塑料罩内，在塑料罩外面利用活动的两块磁铁来吸合罩内的磁铁，以带动触头的分合，操作十分灵活。

（8）开关的款式、颜色应该与室内的整体风格相吻合。

（9）根据所连接电器的数量，开关又分为一开、二开、三开、四开等多种形式。家庭中最常见的开关是一开单控，即一个开关控制一个或多个电器。双控开关也是较常见的，即两个开关同时控制一个或多个电器，根据所连电器的数量分为一开双控、二开双控等多种形式。双控开关用得恰当，可给家庭生活带来很多便利。

（10）延时开关也很受欢迎（不过家装设计很少用到延时开关，一般常用转换开关）。在卫生间里灯和排气扇合用一个开关有时很不方便（关上灯，排气扇也跟着关上，以至于污气不能完全排完）。除了装转换开关可以解决问题外，还可以装延时开关，即关上灯后排气扇还会再转几分钟才关闭，很实用。

（11）荧光开关也很方便，在夜间可以根据它发出的荧光很容易地找到开关的位置。

（12）可以设置一些带开关的插座，这样不用拔插头并且可以切断电源，也不至于拔下来的电线吊着影响美观。例如，洗衣机插座不用时可以关上、空调器插座淡季时关上不用拔掉。

3. 照明开关的安装要求

（1）用万用表 R×100 挡或 R×10 挡检查开关的通断情况。

（2）用绝缘电阻表（即兆欧表）摇测开关的绝缘电阻，要求不小于 2MΩ。摇测方法是一条测试线夹在接线端子上，另一条夹在塑料面板上。由于室内安装的开关、插座数量较多，电工可采用抽查的方式对产品绝缘性能进行检查。

（3）开关切断相线，即开关一定要串接在电源相线上。

（4）同一室内的开关高度误差不能超过 5mm。并排安装的开关高度误差不能超过 2mm。开关面板的垂直允许偏差不能超过 0.5mm。

（5）开关必须安装牢固。面板应平整，暗装开关的面板应紧贴墙壁，且不得倾斜，相邻开关的间距及高度应保持一致。

⚙ **照明开关安装经验指导：**

（1）若无特殊要求，在同一套房内，开关离地面在 1200～1500mm，距门边 150～200mm 处，与插座同排相邻安装应在同一水平线上，并且不被推拉门、家具等物体遮挡。

（2）进门开关位置的选择。一般人都习惯于用与开门方向相反的一只手操作开关，而且用右手多于用左手。所以，一般家里的开关多数装在进门的右侧，这样方便进门后用右手开启，符合行为逻辑。采用这种设计时，与开关相邻的进房门的开启方向是右边。

（3）厨房、卫生间的开关宜安装在门外开门侧的墙上。镜前灯、浴霸宜选用防水开关，并安装在卫生间内。

（4）为生活舒适方便，客厅、卧室应采用双控开关。卧室的一个双控开关安装在进门的墙上，另一个安装在床头柜上侧或床边较易操作部位。比较大的客厅两侧，可各安装一个双控开关。

（5）厨房安装带开关的电源插座，以便及时控制电源通断。

（6）梳妆台应加装一个开关。

（7）阳台开关应设在室内侧，不应安装在阳台内。

（8）餐厅的开关一般应选在门内侧。

（9）客厅的单头吊灯或吸顶灯，可采用单联开关；对于多头吊灯，可在吊灯上安装灯光分控器，根据需要调节亮度。

（10）书房照明灯若为多头灯应增加分控器，开关可安装在书房门内侧。

（11）开关安装的位置应便于操作，不要放在门背后等距离狭小的地方。

图 2-25 所示为典型照明开关位置布置图。

4. 照明开关的安装

单控照明开关的线路如图 2-26 所示，开关是线路的末端，到开关的是从灯头盒引来的电源相线和经过开关返回灯头盒的回相线。

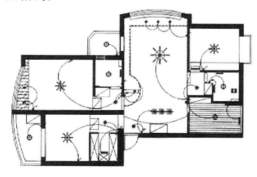

图 2-25　典型照明开关位置布置图

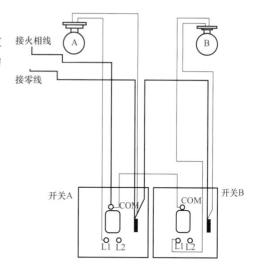

图 2-26　单控照明开关的线路

单控照明开关接线比较简单，每个单控开关上有两个针孔式接线柱，分别任意接相线和回相线即可。

（1）接线操作。

1）开关在安装接线前，应清理接线盒内的污物，检查盒体无变形、破裂、水渍等易引起安装困难及事故的遗留物。

2）先把接线盒中留好的导线理好，留出足够操作的长度，长出盒沿 10～15cm。

> **经验指导**：开关内接线不要留得过短，否则很难接线；也不要留得过长，否则很难将开关装进接线盒。

3）用剥线钳把导线的绝缘层剥去 10mm，把线头插入接线孔，用小螺钉旋具把压线螺钉旋紧，注意线头不得裸露。

（2）面板安装。开关面板分为两种类型，一种是单层面板，面板两边有螺钉孔；另一种是双层面板，把下层面板固定好后，再盖上第二层面板。

> **开关面板的安装**
>
> 单层开关面板安装方法：先将开关面板后面固定好的导线理顺盘好，把开关面板压入接线盒。压入前要先检查开关跷板的操作方向，一般按跷板的下部，跷板上部凸出时，为开关接通灯亮的状态；按跷板上部，跷板下部凸出时，为开关断开灯灭的状态。再把螺钉插入螺孔，对准接线盒上的螺母旋入。在螺钉旋紧前注意检查面板是否平齐，旋紧后面板上边要水平，不能倾斜。

双层开关面板安装方法：双层开关面板的外边框是可以拆掉的，安装前先用小螺钉旋具把外边框撬下来，先把底层面板安装好，再把外边框卡上去。

（3）二控一照明开关的安装。用两个双控开关在两地控制一盏灯，主要是为了控制照明灯。这种方法目前在家庭电路中比较常用，例如卧室吸顶灯、客厅大灯一般都采用双控开关控制。

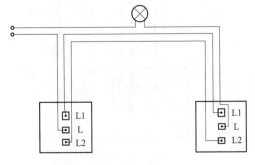

图 2-27　双控开关接线图

暗装双控开关有 3 个接线端，如图 2-27所示，中间一个接线端编号为 L，两边接线端分别编号为 L1、L2，接线端 L1、L2 之间在任何状态下都是不通的，可用万用表电阻挡进行检查。双控开关的动片可以绕 L 转动，使 L 与 L1 接通，也可以使 L 与 L2 接通。

注意：两个双控开关位置的编号相同。

双控开关接线图如图 2-28 所示。

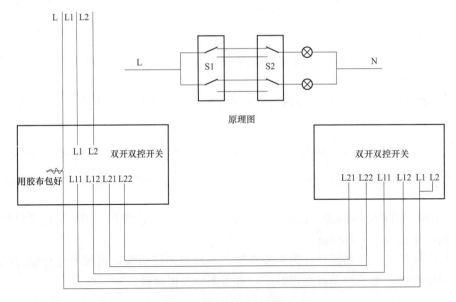

图 2-28　双开双控开关接线图

如果是多控开关（如三控开关），则接到开关的是相线和返回灯具的是多根相线。先用短导线把各个开关同侧的接线端连接在一起接相线，各个开关另一侧的接线端接各根相线。

（4）多联开关的安装。多联开关就是一个开关上有好几个按键，可控制多处灯的开关，如图 2-29 所示。在连接多联开关时，一定要有逻辑标准，或者是按照灯的方位顺序，一个一个地渐远，以便开启时便于记忆。否则经常会为了找到想要开的灯，而把所有的开关都打开一遍。

5. 遥控照明开关的安装

目前的家用电器，如电视机、VCD、DVD 和功放机等一般都配备了遥控器及智能化控制技术，给人们的使用带来了极大的方便。随之而来的小家电如电灯的控制也在向自动化、智能化操作方面发展，这样才能满足人们的生活需求。红外遥控开关充分利用了现在家用电器繁多的遥控器，实现了遥控器的功能复用，该开关可以替换原墙壁开关，不用再增加连线，为安装和使用提供了方便。把原机械式墙壁开关换成遥控照明开关不仅实用，也很安全经济。

智能遥控无线照明开关，如图 2-30 所示。

图 2-29　多联开关

图 2-30　智能遥控无线照明开关

克林遥控照明开关（以下简称克林开关）就是一种比较成熟的红外线接收开关。安装时把克林开关塑料外壳上的"KL"面露在外面。使用时将家电遥控器发射器对准克林开关上的"KL"面，即可控制灯的亮灭。由于红外线可以透过玻璃，所以庭院灯、草坪灯也可以使用克林开关，将克林开关安装在灯的旁边，将克林开关的"KL"面对着室内，使用时可以隔着玻璃在室内用电视遥控器对准克林开关可遥控户外灯。

克林开关的主要技术指标见表 2-3。

表 2-3　　　　　　　　　　　克林开关的主要技术指标

技术指标	参数或说明	技术指标	参数或说明
电压	AC200～240V，AC90～150V	开关次数	大于 10 万次
负载额定电流	10A	遥控直线距离	10m
1ms 瞬间过载电流	80A	防水性能	可在水深 10m 内使用
电磁辐射	0	防爆性能	可在常压下易燃气体中使用
适用温度	−40～+60℃	机身温度	小于 40℃
接收扇角	小于 30°	停电再来电	保持关态
有功损耗	小于 0.9W	节省无功功率	大于 7W
体积	41.5mm×24mm×13.5mm	质量	13.5g

（1）遥控开关与手动开关串联的安装。对于已经装修好的房子，采用克林开关与传统开关串联是最常用的方法，安装最省事，不改动原开关及电路，既可用家电遥控器控制灯具，又可用原有的墙壁开关控制灯具，如图 2-31 所示。

无论遥控处于开或关的状态，墙壁开关都能优先开关灯。解决了晚上找不到遥控器无法开灯的问题。

（2）克林开关与双控手动开关联用的安装。

对于新装修用户，可选用 KL-4 型克林开关。它是一种将双控手动墙壁开关与克林开关融为一体的双向开关，将它安装在原墙壁开关的地方，手动、遥控可同时用，互不影响。

采用这种安装方案，手动开关断电后，遥控仍起作用，是一种全兼容的"双向开关"，使用最方便，如图 2-32 所示。

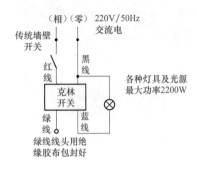

图 2-31　遥控开关与手动开关串联安装

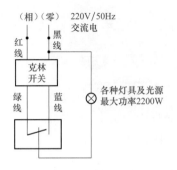

图 2-32　遥控开关与双控手动开关联用的安装

（3）遥控开关单独安装。这种安装方法免去了传统开关到灯具之间的电线，如图 2-33 所示。

使用时，用电视遥控器指向光源，及时选择应该关断的灯具，达到既方便又节能的目的。

（4）分段式遥控开关安装。分段式遥控开关适宜对多头吊灯进行控制，如客厅的九头吊灯，用家电遥控器可选择 9 个灯亮、6 个灯亮、3 个灯亮、灯全灭。不断按电视遥控器上的键，可循环选择。亮灯顺序：（每按一次遥控键）全亮（9 个灯亮）→灰线灯亮（6 个灯亮）→棕线灯亮（3 个灯亮）→全灭→循环。

安装时，首先把灯泡分成两组（棕线组、灰线组），然后与分段式遥控开关的输出线相连，如图 2-34 所示。

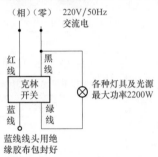

图 2-33　遥控开关单独安装

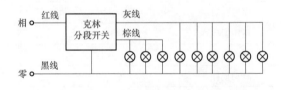

图 2-34　分段式遥控开关安装

克林开关正确使用提示：

使用克林开关时，只要将家电遥控器（如电视机、DVD、空调器等遥控器）对准克林开关，按下遥控器上的任意键，即可开关灯具。

（1）如果正在看电视，想开灯，尽量不要使用电视遥控器，而使用DVD、空调器等遥控器；如果只有电视遥控器，可用电视遥控器上的声音键。原则是尽量不要使用正在运行电器的遥控器，尽量选用遥控器上对当前电器状态不影响或影响不大的键。

（2）如果电视机是关闭状态，想开电灯，不要使用电视遥控器的开关键。

（3）两个灯都装有克林开关，灯之间的距离又比较近，想开左边的灯就把遥控器指向偏左边多一点；想开右边的灯，就指向偏右边多一点。

（4）如果遥控电视时怕影响头顶上的灯，则不要将电视遥控器对准电视机，要对准电视机下边地板某个位置，总能找到一个指向，既能遥控电视，又不影响灯。

6. DHE-86型遥控开关

（1）DHE-86型遥控开关的功能。DHE-86型装遥控开关采用单线制，不需接零线，适用于各种灯具，可直接替换墙壁机械开关。当电网停电后又来电时，开关会自动转为关断状态，节能安全、方便实用；采用无线数字编码技术，开关相互间互不干扰；无方向性，可穿越墙壁，拥有传统手动控制和遥控两种操作方式。

图2-35所示为DHE-86型装遥控开关。可与无线红外探头组合使用，可实现人体感应开关和防盗警示的功能；智能学习对码，不用担心遥控器丢失，随便拿一个同频率的遥控器，让遥控开关学习一次就能用（如汽车、摩托车、电动车的遥控器），操作非常简单。

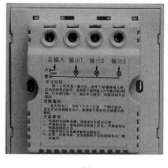

(a)   (b)

图2-35 DHE-86装遥控开关
(a) 正面；(b) 背面

单线制DHE-86型墙装遥控开关主要功能：

（1）开关功能。既可遥控，又可手动控制。采用无线数字编码技术，开关相互间互不干扰，遥控距离10～50m。

（2）全关功能。出门或临睡之前，无需逐一检查，按一个键就可关闭家中所有的灯具，省时又省电。

（3）全开功能。当需要将局部或全部的灯具开启时，按一个键就可同时亮起。

（4）情景功能。该开关具有任意组合的功能，可以将家里的灯具随意组合开启或关闭，设置成不同的灯光氛围，如"1"为会客时明亮，"2"为就餐时温馨，"3"为看电视时柔和，均可一键而定。

（5）远程控制功能。此功能需遥控开关与无线智能控制器配套使用，形成智能家居系统，实现固定电话或手机和互联网远程控制家中灯光、家电的开关功能；身在外地时，主人可通过互联网或固定电话、手机实现远程控制家用电器的开启与关闭。

（2）DHE-86型遥控开关的功能设置。

1）打开无线遥控开关的面壳，可以看到有两排按钮，上面一个挨着指示灯小点的按钮就是设置按钮，下面一排三个按钮是开关按钮，按一下开关按钮灯亮，再按一下灯灭。

> **操作指导：** 所指"下面一排三个开关按钮"，对于单路的无线遥控开关，只有中间一个按钮，左右两边没按钮；对于两路的无线遥控开关，只有左边和右边两个按钮，中间没有按钮；对于三路的无线遥控开关，装有三个按钮，自左向右数，对应一、二、三路。

2）设置时，按一下开关按钮，此时所对应的灯亮，其他各路灯处于关闭状态。再按一下设置按钮，指示灯会亮一下，表示已经进入学习码状态，此时按遥控器上任一按键，指示灯会再亮一下。

> **操作指导：** 为保证学习到完整的地址码，应一直按着遥控器的按键，直到开关设置灯亮后又熄灭再松开，表示已经学习成功，同时自动退出设置状态，设置完成。此时按遥控器对应的按键，灯开，再按一次灯关。其他各路设置与上述操作相同。

3）单路设置：想设置哪一路，就把哪一路的灯打开，按一下设置按钮，再按一下遥控器任意键，设置成功。

4）全开功能设置：把所有灯都打开，此时按一下设置按钮，再按一下遥控器任意键，设置成功。

5）全关功能设置：所有灯都不亮时，此时按一下设置按钮，再按一下遥控器任意键，设置成功。

6）消除设置：在任意状态下，长按设置按钮3s，指示灯亮3下，表示已经清除原来的所有设置。若要恢复到出厂设置，需重新设置。

7）设置时可有多种组合。例如，三路的可以设置为一、二、三路单独控制，也可以设置一、二路同时打开，或二、三路同时打开，或一、三路同时打开。遥控器对开关的控制，可以多个开关使用一个遥控器来控制，也可以用多个遥控器来控制一个开关。

（3）遥控开头安装。遥控开关安装步骤图如图 2-36 所示。

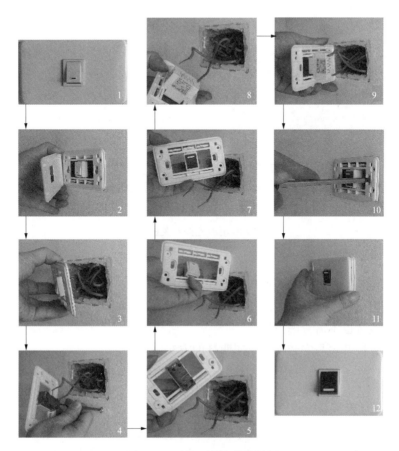

图 2-36　遥控开关安装步骤图

7. 声光控开关

声光控开关就是用声音和光照度来控制照明灯的开关，当环境的亮度达到某个设定值以下，同时环境的噪声超过某个值，开关就会开启，所控制的灯就会亮。

（1）声光控开关的功能。

1）发声启控：在开关附近用手动或其他方式（如吹口哨、喊叫等）发出一定声响，就能立即开启灯光。

2）自动测光：采用光敏控制，该开关在白天或光线强时不会因声响而开启灯光。

3）延时自关：该开关一旦受控开启便会延时数十秒后将自动关断，减少不必要的电能浪费，实用方便。

4）用途广泛：声光控开关可用于各类楼道、走廊、卫生间、阳台、地下室车库等场所的自动延时照明。声光控开关对负载大小有一定要求，负载过大容易造成内部功率器件过热甚至失控，以至于损坏，所以普通型控制负载在 60W 以下为宜。由于声光控开关根据声响启动，容易误动作，现在正逐步被红外线开关取代。

常用的声光控开关有螺口型和面板型两大类，如图 2-37 所示。螺口型声光控开关直接设计在螺口平灯座内，不需要在墙壁上另外安装开关；面板型声光控开关一般安装在原来的机械开关位置处。

 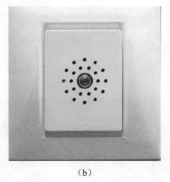

(a)　　　　　　　　　　　　(b)

图 2-37 常用声光控开关的外形

(a) 螺口型；(b) 面板型

(2) 声光控开关安装。面板型声光控开关与机械开关一样，可串联在灯泡回路中的相线上工作，因此安装时无需更改原来线路。可根据固定孔及外观要求选择合适的开关直接更换，接线时也不需考虑极性。

螺口型声光控开关与安装平灯座照明灯的方法一样。

⚙ **声光控开关安装经验指导：**

1) 尽可能将声光控开关装在人手不及的高度以上，以减少人为损坏和避免丢失，延长实际使用寿命。安装位置尽可能符合环境的实际照度，避免人为遮光或者受其他持续强光干扰。

2) 普通型声光控开关所控灯泡负载不得大于 60W，严禁一个开关控制多个灯泡。当控制负载较大时，可在购买时向生产厂家特别提出。如果要控制几个灯泡可以加装一个小型继电器。

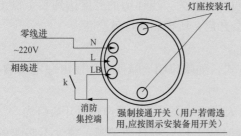

图 2-38 有应急端的声光控开关接线图

3) 安装时不得带电接线，并严禁灯泡灯口短路，以防造成开关损坏。

4) 没有应急端的声光控开关（只有进出两线）不必考虑接线极性，直接串联在灯泡相线上即可；有应急端的声光控开关（有进线、出线和零线）对接线有特殊规定，必须按接线图接线，如图 2-38 所示。

5) 采光头应向上垂直安装，且避开所控灯光照射。要及时或定期擦净采光头的灰尘，以免影响光电转换效果。

2.4 家居照明灯具的安装

照明灯具是整个居家装饰的有机组成，人们装修新居或改造旧居都特别重视。得体的灯饰无疑会为居室起到锦上添花的作用。在现代家庭装饰中，灯具的作用已经不仅仅局限于照明，更多时候起到的是装饰作用。因此，家庭各种灯具安装有了许多讲究和技巧。

2.4.1 家居照明设计基本思路

 照明设计方案的个性化：

家是私人空间，有其私密性和个性化要求，因此照明设计方案需要考虑到这一特点。所谓个性化，通常体现为某种特定的氛围或心理上的感受，像入口门厅、私人会客厅或节日餐厅等处是需要强调氛围效果的区域。在家居照明中能够明确提出统一要求的是一些要进行精细视觉作业的区域或空间，比如厨房中的操作台、浴室中的化妆区及家居中书写阅读区域。

家居照明主要根据房间的布局、装饰、生活的内容而发生变化。白天有自然光照射时，对照明灯具的选择及布置都会有影响。

1. 入口

入口是给客人留下第一印象的空间。此外还希望家人一进门就能感受到温馨的氛围。入口通常用壁灯，安装在门的一侧或两侧壁面上，距地面 1.8m 左右。透明灯泡外用透明玻璃灯具，既美观又可以产生欢迎的效果，乳白色玻璃灯具使周围既明亮又有安全感，但这些灯都照不到脚下，特别在有阶梯的地方，用筒灯比较多。

2. 玄关入口

玄关入口要求使用一般照明。如果有绿色植物、绘画、壁龛等装饰物，可采用重点照明，创造一个生动活泼的空间。鞋柜下如装光源，可以将地面照得非常亮，但如果地面有光泽，则由于反光而不好看。

3. 走廊楼梯

为了能起到顺利地到达各房间的引导效果，避免使用妨碍移动的照明灯具。走廊比较窄小，如用壁灯则要注意突出的大小程度。长走廊选择用筒灯的情况比较多，在墙面上产生有规则的光与影，引导效果会比较好。

在有楼梯的地方由于楼梯的高度差要求有安全照明。特别是下楼梯时，要注意防止发生踏空摔下去的事故，所以要使用不会产生眩光的灯具，并且不能安装在使踏面位于阴影的位置。走廊与楼梯的照明要使用三路开关，并在两个位置可以控制。

4. 卫生间与浴室

卫生间与浴室中涉及的视觉是主要的。在其他场合中所要求的氛围性照明或艺术化照明，在卫生间和浴室的照明设计中则要放在次要的位置。而对于那些配有大型按摩浴设施和康体健身区的豪华卫生间来说，则要进行特殊的照明设计。

在卫生间与浴室中，主要是为在镜子前面进行化妆和刮脸等活动提供相应照明，而沐浴、短时间阅读等可借助于卫生间中环境照明来满足。

卫生间与浴室的环境照明要求是有一定特殊性的。在通常情况下，安装在房间顶上的防雾防湿吸顶灯可以满足环境照明的要求。镜子的上方或两侧可用防湿镜前灯，也可在镜子周围使用几盏低瓦数的防湿灯具。这样使下巴及其以下部分都能照亮，方便化妆和刮胡子。但不能产生太热的感觉，要注意灯的数量与瓦数。

> ⚙ **经验提示：** 为保证正确显示皮肤的肤色，建议使用色温为 3000K、显色指数为 80 以上的光源。

5. 厨房

厨房有 I 字形、U 字形、岛形及柜台型等几种。厨房主要用于做饭，从规模方面来看，有仅做一些简单食物的，还有能边做边与家人聊天的。照明基本要求是能够照亮操作台面、灶台台面、水槽等工作面。

在照明设计时，要避免在工作面上产生阴影。厨房中的环境照明或一般照明有可能将人影投射到工作台面上并影响其工作。所以应该注意不要使用过强的照明灯直接照明工作台面。

> ⚙ **厨房选择光源和灯具提示：**
>
> （1）吸顶式荧光灯：安装在天花板的中间部位，以使整个房间内的光照分布均匀，灯具的侧面和底面覆盖控光透镜，让灯下和侧面都有适合的光照，以兼顾灯下的照明和壁柜的照明。灯具要做到防雾防湿。
>
> （2）橱柜上的荧光灯：直接照射操作台面，对光源要做适当的遮挡，以避免眩光的影响。需要在灯具的出光口配置封闭式透光罩，以避免灰尘和油污的聚集。
>
> （3）炉灶上面的抽油烟机会自配照明光源，它完全能够满足灶台上作业照明的需要。
>
> 选择光源时，要格外注意光源的显色性，许多标准荧光灯照射到食品上后，让人看到这些食品就会觉得没有胃口。在通常情况下色温为 3000K、显色指数在 80 以上的光源，是比较适合的。

6. 餐厅

餐厅的中心是餐桌。要求照明使餐布、碗筷、食物等餐桌上的一切显得明亮美丽，使食物能够引起人的食欲。餐桌的照明灯具使用最多的是吊灯。根据餐桌的大小，可用 1～3 盏。如果餐厅不太大，这种吊灯完全可以兼作餐桌照明和一般照明。

> ⚙ **经验提示：** 餐厅通常选用色温为3000K、显色指数在80以上的光源，能更好地突显食物色泽。

7. 卧室

卧室是就寝的空间，第一要求是照明应起到催眠的效果。依房间使用方式不同，照明可满足就寝前看书、看电视、化妆、拿衣服等生活行为。一般照明与局部照明兼顾。催眠用照明灯具本身的亮度不能太高，一般照明也不能太亮。卧室可使用带罩台灯表现出所需氛围。

老年人的卧室为了便于老人半夜上厕所，应安装不太亮的长明灯。

选择光源时，应注意使整个卧室的色调尽量保持一致，另外也要注意在整个卧室中保持显色性方面的一致性。这样可以在整体上保持一种温和的视觉氛围，避免产生跳跃感和生硬感。由于不同的人对卧室的光环境氛围要求不同，故在这里不对色温和显色指数进行推荐。

8. 书房

书房是以视觉为主要目的的空间。电脑已开始普遍进入各个家庭的书房，故书桌上的照明设计要以显示屏的亮度为主，有必要对周围的亮度比、照度比进行大量、详细的探究。电脑操作照明的亮度一般按纸面文本与键盘面、显示屏、显示屏背景壁面的顺序依次增加。电脑操作照明除一般设计外，还有使用臂式台灯作为局部照明。

> ⚙ **经验提示：** 学习房间、书房内不仅进行视觉作业，由于长时间作业后需要放松，这时兼有营造轻松氛围的照明非常重要。

9. 客厅

客厅是家居中使用频率最高的多功能空间。集聚会、看电视、看书、接待客人等功能于一体的客厅照明需要一室多灯，并需将开关电路分控，使照明效果与各种活动相配合。特别是房间越大越会同时进行各种不同的活动。要注意布灯时避免各种光线相互干扰。在与顶棚高度相比非常大的房间中，人们的视野大部分在顶棚表面，所以顶棚照明显得尤为重要。要注意不能选择易产生眩光的灯具。

照明灯具的配光分类，顶棚、壁面对空间的氛围和平均照度有很大的影响。因此要充分了解表面的情况，选择合适的灯具进行照明。通常推荐没有眩光的筒灯，如果室内很亮，使用檐板照明那样的间接照明无论是效率还是效果都会很好。

> ⚙ **经验提示：** 看电视时的照明是一种特殊要求，此时客厅中其他地方的照明往往是不需要的，或是对看电视有妨碍的。建议在电视机附近提供柔和、适度的照明。

10. 庭院与通道

庭院内考虑到白天的景观,照明要尽量隐藏在树木等内部。因此最好使用小型灯具,典型的有紧凑型荧光灯具、低压卤钨灯具、照明要照亮的是庭院内树木、花坛、石头、水池等,较小的庭院可用1~2盏,大的庭院包括入口处的照明,使用大量的灯具照亮院内的重要景观要素,可以在黑暗的庭院中表现出戏剧性的景色。

在照明的装饰手法中,还有将树叶的影子投射到墙壁上的投影照明,照亮树木产生引导的照明效果,使周围的景色映入水池等的水面照明等。

2.4.2 家居照明灯饰

1. 电光源常用术语

家居照明电光源常用术语见表2-4。

表 2-4   **家居照明电光源常用术语**

常用术语	技术含义
光通量	光源在单位时间内向周围空间辐射并引起视觉的总能量,单位为流明(lm)
发光强度	单位时间内电光源在特定方向单位立体角内发射的光通量,单位为坎[德拉](cd),又称为烛光
发光效率	电光源消耗单位功率(1W)所发射的光通量,单位为流明/瓦(lm/W)
亮度	单位面光源($1m^2$ 面光源)在其法线方向的发光强度,单位为坎[德拉]/平方米(cd/m^2)
照度	受照物体单位面积($1m^2$)上所得到的光通量,单位为勒[克斯](lx)
色温	电光源所发出光的颜色与黑体加热到某一温度所发出的光颜色相同时的热力学温度,单位为开[尔文](K)
光色	随着光的色温从低向高变化,人眼感觉其颜色从暗红→鲜红→白→浅蓝→蓝的变化
显色指数	又称为显色性,指物体用电光源照明显现的颜色和用标准光源或准标准光源照明显现的颜色的接近程度,无单位。通常用正常日光作为准标准光源,国际上规定正常日光的显色指数为100
眩光	光强过大或闪烁过甚的强光令人眼花目眩,这种强光称为眩光
初始值	电光源老化一定时间(如100h)后测得的光电参数值
光通维持率	电光源使用一段时间后的光通量与其初始值之比,通常用百分数表示
光衰	指电光源使用一段时间后,其光通量的衰减情形。光衰大,光通维持率小;光衰小,光通维持率大。可以说,光衰是电光源衰减快慢的定性描述,而光通维持率是电光源衰减快慢的定量描述
寿命	电光源点燃至明显失效或光电参数低于初始值的某一特定比率(如50%)时的累计使用时间,单位为小时(h)
平均寿命	指一批产品测得的寿命的平均值,单位为小时(h)
启动电压	指放电开始持续放电所需的最低电压,单位为伏[特](V)
额定电压	维持电光源正常工作时所需的工作电压,单位为伏[特](V)
额定电流	电光源正常工作时的工作电流,单位为安[培](A)或毫安(mA)
额定功率	电光源正常工作时所消耗的电功率,单位为瓦[特](W)

2. 室内照明方式

根据灯光光通量的空间分布状况及灯具的安装方式,室内照明方式可分为间接照明、半间接照明、直接间接照明、漫射照明、半直接照明、宽光束的直接照明和高集光束的下射直接照明七种。室内七种照明方式的详情见表2-5。

表 2-5   七种室内照明方式的详情

照明方式	照明效果	说明
间接照明	由于将光源遮蔽而产生间接照明，把 90%～100% 的光射向顶棚、穹隆或其他表面，从这些表面再反射至室内。当间接照明紧靠顶棚后，几乎可以造成无阴影，是最理想的整体照明。上射照明是间接照明的另一种形式，筒形的上射灯可以用于多种场合	为了避免天棚过亮，下吊的照明装置的上沿至少低于天棚 305～460mm
半间接照明	将 60%～90% 的光线向天棚或墙面上部照射，把天棚作为主要的反射光源，而将 10%～40% 的光直接照射在工作面上。从天棚反射来的光线趋向于软化阴影和改善亮度比。由于光线直接向下，照明装置的亮度和天棚亮度接近相等	
直接间接照明	对地面和天棚提供近于相同的照度，即均为 40%～60%，而周围光线只有很少，这样就必然在直接眩光区的亮度是低的 这是一种同时具有内部和外部反射灯泡的装置，如某些台灯和落地灯能产生直接间接光和漫射光	
漫射照明	对所有方向的照明几乎都一样。为了控制眩光，漫射装置圈要大，灯的瓦数要低	
半直接照明	有 60%～90% 的光向下直射到工作面上，而其余 10%～40% 的光则向上照射，由下射照明软化阴影的百分比很少	
宽光束的直接照明	具有强烈的明暗对比，并可造成有趣生动的阴影。由于其光线直射于目的物，如不用反射灯泡，会产生强的眩光。鹅颈灯和导轨式照明属于这一类	
高集光束的下射直接照明	因高度集中的光束而形成光焦点，可用于突出光的效果和强调重点的作用。它可在墙上或其他垂直面上提供充足的照度，但应防止过高的亮度比	

3. 室内照明布局形式

室内照明布局形式包括窗帘照明、花檐反光、凹槽口照明、发光墙架、底面照明、龛孔（下射）照明、泛光照明、发光面板和导轨照明等布局形式。常用照明布局形式见表 2-6。

表 2-6   常用照明布局形式

照明方式	布局形式
窗帘照明	将荧光灯管或灯带安置在窗帘盒背后，内漆为白色以利于反光，光源的一部分朝向天棚，一部分向下照在窗帘或墙上，在窗帘顶和天棚之间至少应有 254mm 空间，窗帘盒把设备和窗帘顶部隐藏起来
花檐反光	用作整体照明，檐板设在墙和天棚的交接处，至少应有 154mm 深度，荧光灯板布置在檐板之后，常采用较冷的荧光灯管，这样可以避免任何墙的变色 为了有最好的反射光，面板应涂以无光白色，花檐反光对引人注目的壁画、图画、墙画的质地是最有效的，特别是在低天棚的房间中采用，给人天棚高度较高的感觉
凹槽口照明	这种槽形装置通常靠近天棚，使光向上照射，提供全部漫射光线，有时也称为环境照明。 由于亮的漫射光引起天棚表面似乎有退远的感觉，使其能创造开敞的效果和平静的气氛，光线柔和。此外，从天棚射来的反射光可以缓和在房间内直接光源热能的集中辐射。不同距离的凹槽口照明布置方式如图 2-39 所示

续表

照明方式	布局形式
发光墙架	由墙上伸出的悬架来照明，它布置的位置要比窗帘照明低，并和窗无必然的联系
底面照明	任何建筑构件下部底面均可作为底面照明，某些构件下部空间为光源提供了一个遮蔽空间，常用于浴室、厨房、书架、镜子、壁龛和搁板
龛孔（下射）照明	将光源隐蔽在凹处，这种照明方式包括提供集中照明的嵌板固定装置，可以是圆形、正方形或矩形的金属盒，安装在顶棚或墙内
泛光照明	加强垂直墙面上照明的过程称为泛光照明，起到柔和质地和阴影的作用。泛光照明有许多不同的方式，如图2-40所示
发光面板	发光面板可以用在墙上、地面、天棚或某一个独立装饰单元上，它将光源隐蔽在半透明的板后。发光天棚是常用的一种，广泛用于厨房、浴室或其他工作地区，为人们提供一种舒适、无眩光的照明
导轨照明	现代室内也常采用导轨照明。它包括一个凹槽或装在面上的电缆槽，灯具支架就附在上面，布置在轨道内的圆辊可以很自由地转动，轨道可以连接或分段处理，做成不同的形状。这种灯用于强调或平化质地和色彩，主要决定于灯的所在位置和角度。 要保持其效果最好，安装距离推荐使用以下数据 （1）天棚高度（mm）　　　　　　（2）轨道灯离墙距离（mm） ① 2290～2740　　　　　　　　　① 610～910 ② 2740～3350　　　　　　　　　② 910～1220 ③ 3350～3960　　　　　　　　　③ 1220～1520

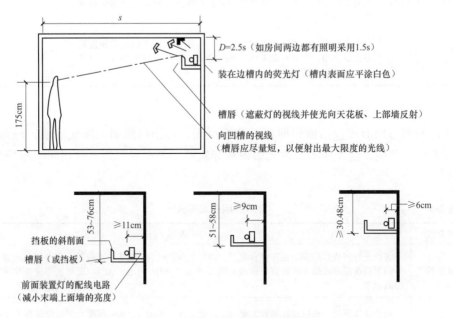

图 2-39　不同距离的凹槽口照明布置

4. 家庭常用光源

（1）白炽灯。白炽灯的显色指数很高，能够达到100，这就意味着可以完全显示物体的本来面目。白炽灯的色温在2700～2800K，颜色比较柔和。根据上述特点，家居中白炽灯常常在餐厅、儿童房等空间使用，看上去颜色比较舒服。尤其是在儿童房中使用，对保护婴幼儿的视力有很大的好处。

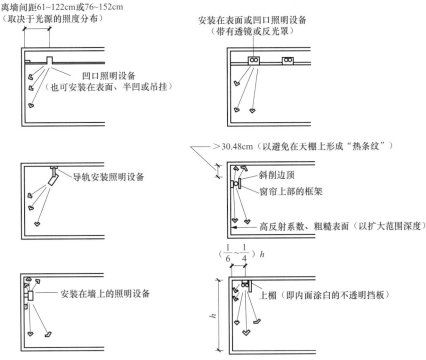

图 2-40　泛光照明的不同方式

（2）卤钨灯。卤钨灯属于金属卤化物灯的一种，主光谱波长的有效范围为 350～450mm。卤钨灯的寿命一般为 3000～4000h，其色温在 2700～3250K。这种灯可用于重点照明，例如为了凸显墙上的装饰画、室内的摆件等，可以用冷光灯杯进行照射。这种白光可以根据不同的家装风格进行变化，与整体氛围保持一致。因为在泡壳内部有一定量的反射型涂层，使灯泡能将光线推向前方，所以卤钨灯比普通型白炽灯更方便控制光束。几种卤钨灯如图 2-41 所示。

图 2-41　卤钨灯

（3）荧光灯。主要用放电产生的紫外辐射激发荧光粉而发光的放电灯称为荧光灯，荧光灯分传统型荧光灯和无极荧光灯。

传统型荧光灯即低压汞灯，它利用低气压的汞蒸汽在放电过程中辐射紫外线，从而使荧光粉发出可见光，因此属于低气压弧光放电光源。

　　无极荧光灯：即无极灯，它取消了传统荧光灯的灯丝和电极，利用电磁耦合的原理，使汞原子从原始状态激发成激发态，其发光原理和传统型荧光灯相似，是现今新型的节能光源，具有寿命长、光效高、显色性好等优点。

（4）目前家庭常见的荧光灯类型。

1）直管形荧光灯。这种荧光灯属于双端荧光灯。常见标称功率有 4、6、8、12、15、20、30、36W 和 40W。管径型号有 T5、T8、T10 和 T12，灯座型号有 G5 和 G13。目前较多采用 T5 或 T8。为了方便安装、降低成本和安全起见，许多直管形荧光灯的镇流器都安装在支架内，构成自镇流型荧光灯，如图 2-42 所示。

图 2-42　直管形荧光灯

2）环形荧光灯。环形荧光灯有粗管和细管之分，粗管直径在 30mm 左右，细管直径在 16mm 左右。环形荧光灯有使用电感镇流器和电子镇流器两种。从颜色上分，环形荧光灯色调有暖色和冷色，暖色比较柔和，冷色比较偏白。环形荧光灯用于室内照明，是绿色照明工程推广的主要照明产品之一。环形荧光灯主要用于吸顶灯、吊灯等作为配套光源使用，如图 2-43 所示。

3）单端紧凑型节能荧光灯。这种荧光灯的灯管、镇流器和灯头紧密地连成一体（镇流器放在灯头内），除了破坏性打击，无法拆卸它们，故被称为"紧凑型"荧光灯。单端紧凑型节能荧光灯属于节能灯，用于大部分家居灯具中。由于无需外加镇流器，驱动电路也在镇流器内，故这种荧光灯也是自镇流荧光灯和内启动荧光灯。整个灯通过E27 等灯头直接与供电网连接，可方便地直接取代白炽灯。

节能灯因灯管外线不同，分为 U 形管、螺旋管和直管型三种。图 2-44 所示为螺旋管形节能灯。

图 2-43　环形荧光灯

图 2-44　螺旋管形节能灯

单端紧凑型节能荧光灯的寿命比较长，一般是 8 000～10 000h。节能灯的显色指数为 80 左右，部分产品可达到 85 以上，节能灯的色温在 2 700～6 500K。节能灯有黄光和白光两种灯光颜色供选择。一般人心理上觉得黄光较温暖，白光较冷。目前很多家庭喜欢用黄色暖光的节能灯，效果很好。

（5）LED 灯。LED 即发光二极管，是一种将电能直接转化为可见光的固态的半导体器件。

LED 依靠电流通过固体直接辐射光子发光，发光效率是白炽灯的 10 倍，是荧光灯的 2 倍。同时理论寿命长达 100 000h，防震动，安全性好，不易破碎，非常环保。

LED 室内装饰及照明的灯具主要有 LED 点光源、LED 玻璃线条灯、LED 球泡灯、LED 灯串、LED 洗墙灯、LED 地砖灯、LED 墙砖灯、LED 荧光灯、LED 大功率吸顶盘等。LED 灯如图 2-45 所示。

图 2-45　LED 室内装饰灯

近年来，随着照明灯饰的发展，灯具不但能起到照明效果，而且更多地体现艺术氛围。例如，在室内吊顶时，采用方向可任意调节的装饰性暗光灯具，借助 LED 灯光控制器，可营造出多种浪漫的情景，如图 2-46 所示。

图 2-46　LED 暗光灯具效果图

5. 常用电光源技术参数

常用电光源技术参数见表 2-7。

表 2-7　　　　　　　　　　　　　　　常用电光源技术参数

光源种类	光效（lm/W）	显色指数 Ra	色温（K）	平均寿命（h）
白炽灯	15	100	2800	1000
卤钨灯	25	100	3000	2000～5000
普通荧光灯	70	70	全系列	10000
三基色荧光灯	90	80～98	全系列	12000
紧凑型荧光灯	60	85	全系列	8000

续表

光源种类	光效（lm/W）	显色指数 Ra	色温（K）	平均寿命（h）
高压汞灯	50	45	3300~4300	6000
金属卤化灯	75~95	65~92	3000/4500/5600	6000~20 000
高压钠灯	100~120	23/60/85	1950/2200/2500	24 000
低压钠灯	200	85	1750	28000
高频无极灯	50~70	85	3000~4000	40 000~80 000
固体白灯	20	75	5000~10 000	100 000

2.4.3　家居灯具的选配

现代家庭的灯具不仅具有照明的功能，还具有美化居室、烘托气氛、点缀环境的作用。因此在选购灯具时，应该了解灯具的艺术特点，并结合考虑房间的结构、大小、功能、色彩、需求等因素，使之能与房间整体效果和谐统一，充分发挥灯具的照明和艺术功效。

家居常用灯具照明效果：

吊灯——给人以热烈奔放、富丽堂皇的感受，适用于客厅。

壁灯——柔和含蓄、温馨浪漫，适用于卧室，可与床或梳妆台组成一体。

吸顶灯——高雅温和，适用于卧室。

落地灯——形成多彩多姿的效果，主要作为工艺品欣赏，可放在卧室床头，一般多用于客厅，在沙发旁边。

台灯——幽深宁静，有神秘感，是书房的必备灯具，也是写字台上不可缺少的点缀。

1. 家庭选配灯具的一般原则

（1）应根据主人的实际需求和喜好来选择灯具的样式。

（2）灯具的色彩应与家居的环境装修风格相协调。

（3）灯具的大小要结合室内的面积、家具的数量及相应尺寸来配置。

（4）在选择灯具时不能一味地贪图便宜，而要先看其质量，检查质保书、合格证是否齐全。

（5）从省电的角度出发，可以多安装节能光源。

2. 各个房间灯饰搭配方法

（1）门厅。门厅是家居给人的第一印象，能影响一个人的情绪，而且是主要的过往空间，必须有良好的照明来保证使用的效果。一般在门厅的顶部加装嵌入式筒灯，彩色更换。在门厅内的柜或墙上设灯，会使门厅内产生宽阔感，如图2-47所示。

（2）客厅。由于客厅是一个公共区域，所

图 2-47　门厅照明效果图

以颜色要丰富、有层次、有意境,这样可以烘托出一种友好、亲切的气氛。如果房间较高,宜用吊灯或一个较大的圆形吊灯,这样可使客厅显得通透。但不宜用全部向下配光的吊灯,而应使上部空间也有一定的亮度,以缩小上、下空间的亮度差别。如果房间较低,可用吸顶灯加落地灯,这样客厅显得明快大方,具有时代感,如图 2-48 所示。

(3) 书房。书房照明应以明亮、柔和为原则,选用白炽灯泡的台灯较为合适。写字台的台灯应适应工作性质和学习需要,宜选用带反射罩、下部开口的直射台灯,台灯的光源常用白炽灯、荧光灯,如图 2-49 所示。

图 2-48　客厅照明效果图

图 2-49　书房照明效果图

(4) 卧室。卧室里要多配几种灯,如吸顶灯、台灯、落地灯、床头灯等,应能随意调整、混合使用,如图 2-50 所示。

(5) 餐厅。餐厅的餐桌要求水平照度,故宜选用强烈向下直接照射的灯具或拉下式灯具,使其拉下高度在桌上方 600～700mm 处,灯具的位置一般在餐桌的正上方。灯罩宜用外表光洁的玻璃、塑料或金属材料,以便随时擦洗,如图 2-51 所示。

图 2-50　卧室照明效果图

图 2-51　餐厅照明效果图

(6) 厨房。厨房最好装一盏顶灯作为全面照明,并另设一盏射灯对准灶台以便于操作。厨房中的灯具要安装在能避开蒸汽和烟尘的地方,宜用玻璃或搪瓷灯罩,便于擦洗又耐腐蚀,如图 2-52 所示。

(7) 卫浴间。卫浴间一般很少有自然光,灯具应具有防潮和不易生锈的功能,光源应采用显色指数高的白炽灯,如图 2-53 所示。

图 2-52　厨房照明效果图

图 2-53　卫浴间照明效果图

2.4.4　家居灯具的安装

⚙ **家居灯具安装要求：**

（1）安装照明灯具最基本要求是必须牢固、平整、美观。

（2）室内安装壁灯、床头灯、台灯、落地灯、镜前灯等灯具时，灯具的金属外壳均应接地，以保证使用安全。

（3）卫生间及厨房装矮脚灯头时，宜采用瓷螺口矮脚灯头座。螺口灯头接线时，相线（开关线）应接在中心触头端子上，零线接在螺纹端子上。

（4）安装台灯等带开关的灯头时，为了安全，开关手柄不应有裸露的金属部分。

（5）在装饰吊顶安装各类灯具时，应按灯具安装说明的要求进行安装。灯具质量大于3kg时，应采用预埋吊钩或从屋顶用膨胀螺栓直接固定支吊架安装（不能用吊平顶或吊龙骨支架安装灯具）。从灯头箱盒引出的导线应用软管保护至灯位，防止导线裸露在平顶内。

（6）同一场所安装成排灯具一定要先弹线定位，再进行安装，中心偏差应不大于2mm。要求成排灯具横平竖直，高低一致；若采用吊链安装，吊链要平行，灯脚要在同一条线上。

（7）安装照明器具时一定要保证双手是干净的，不得有污物，安装好以后要立即用干布擦一遍，保证干净。

（8）在灯具安装过程中，要保证不得污染、损坏已装修完毕的墙面、顶棚、地板。

1.　室内照明灯具安装步骤

应在屋顶和墙面喷浆、油漆或壁纸等及地面清理工作基本完成后，才能安装灯具。室内照明灯具安装步骤如下：

（1）灯具验收。

（2）穿管电线的绝缘检测。

（3）对螺栓、吊杆等预埋件的安装。

（4）灯具组装。

（5）灯具安装。

（6）灯具接线。

（7）试灯。

2. 吸顶灯的安装

吸顶灯可以直接装在天花板上，安装简易，款式简洁大方，赋予空间清朗明快的感觉。常用的吸顶灯有方罩吸顶灯、圆球吸顶灯、尖扁圆吸顶灯、半圆球吸顶灯、半扁球吸顶灯、小长方罩吸顶灯等，其安装方法基本相同。

（1）钻孔和固定挂板。对于现浇的混凝土实心楼板，可直接用电锤钻孔，打入膨胀螺栓，用来固定挂板。固定挂板时，在木螺钉往膨胀螺栓里拧紧时，不要一边完全到位了再固定另一边，那样容易导致另一边的孔位置对不齐。正确的方法是粗略固定好一边，使其不会偏移，然后固定另一边，两边要同时且交替进行。

> ⚙ **安装经验指导：** 为了保证使用安全，当在砖石结构中安装吸顶灯时，应采用预埋吊钩、螺钉、膨胀螺栓、尼龙塞或塑料塞固定，严禁使用木楔。

（2）拆开包装，先把吸顶盘接线柱上自带的一点线头去掉，并把灯管取出来。

（3）将220V的相线（从开关引出）和零线连接在接线柱上，与灯具引出线相接。有的吸顶灯的吸顶盘上没有设计接线柱，可将电源线与灯具引出线连接，并用黄蜡带包紧，外面加包黑胶布，将接头放到吸顶盘内。

（4）将吸顶盘的孔对准吊板的螺钉，将吸顶盘及灯座固定在天花板上。

（5）按说明书依次装上灯具的配件和装饰物。

（6）插入灯泡或安装灯管（这时可以试一下灯是否能亮）。

（7）把灯罩盖好。

如果在厨房、卫生间的吊顶上安装嵌入式吸顶灯，先要按实际安装位置在扣板上打孔，将电线引过来，并在吊顶内安装三角龙骨（常见的三角龙骨有两种，一种为内翻边龙骨，另一种为外翻边龙骨，相比之下，内翻边龙骨更有优势）。使三角龙骨上边与吊筋连接，下边与灯具上的支撑架连接，这样做既安全又能保证位置准确，便于用弹簧卡子固定吸顶盘。注意处理好吸顶灯与吊顶面板的交接处，一般吸顶灯的边缘应盖住吊顶面板，否则影响美观。

> ⚙ **吸顶灯安装经验指导：**
>
> （1）吸顶灯不可直接安装在可燃的物体上。有的家庭为了美观用涂过油漆的三层板衬在吸顶灯的背后，实际上这很危险，必须采取隔热措施；如果灯具表面的高温部位靠近可燃物时，也要采取隔热或散热措施。
>
> （2）引向吸顶灯每个灯具的导线线芯的截面积，铜芯软线不小于$0.4mm^2$，否则引线必须更换。导线与灯头的连接、灯头间并联导线的连接要牢固，电气接触应良好，以免由于接触不良，出现导线与接线端之间产生火花而发生危险。

（3）如果吸顶灯中使用的是螺口灯头，则其相线应接在灯座中心触头的端子上，零线应接在螺纹的端子上。灯座的绝缘外壳不应有破损和漏电，以防更换灯泡时触电。

（4）与吸顶灯电源进线连接的两个线头，电气接触应良好，还要分别用黑胶布包好，并保持一定的距离。如果有可能，尽量不将两个线头放在同一块金属片下，以免短路，发生危险。

3. 组合吊灯的安装

由于组合吊灯较重，需要在楼板上预埋吊钩，在吊钩上安装过渡件，然后进行灯具组装。若灯具较小，质量较轻，也可用钩形膨胀螺栓固定过渡件，如图 2-54 所示。注意，每个膨胀螺栓的理论质量应该限制在 8kg 左右，质量为 20kg 组合吊灯最少应该用 3 个。同时，应固定好接线盒。

由于组合吊灯的配件比较多，所以组装灯具一般在地面上进行。为防止损伤灯具，可在地面上垫一张比较大的包装纸或布。

组合吊灯的组装步骤如下：

（1）弯管穿线。

（2）连接灯杯、灯头。

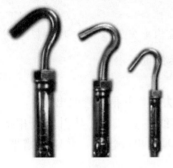

图 2-54　钩形膨胀螺栓

（3）直管穿电源线。

（4）将连接好灯杯、灯头的弯管（若干支）安装固定在直管上。

（5）安装灯鼓。

（6）组装连接吸顶盘。

（7）安装灯罩。

4. 嵌入式筒灯的安装

嵌入式筒灯的最大特点就是能保持建筑装饰的整体统一与完美，不会因为灯具的设置而破坏吊顶艺术的完美统一。筒灯通常用于普通照明或辅助照明，在无顶灯或吊灯的区域安装筒灯，光线相对于射灯要柔和。一般来说，筒灯可以装白炽灯泡，也可以装节能灯。

筒灯规格有大（5in）、中（4in）、小（2.5in）三种。筒灯的安装方式有横插和竖插两种，横插价格比竖插要贵少许。一般家庭用筒灯最大不超过 2.5in，装入 5W 节能灯就行，如图 2-55 所示。

图 2-55　嵌入式筒灯

嵌入式筒灯安装经验指导：

（1）在吊顶板上定位并按照筒灯的大小开孔。

（2）将筒灯的灯线连接牢固。

（3）把灯筒两侧的固定弹簧向上板直，插入顶棚上的圆孔中，把灯筒推入圆孔直至推平，板直的弹簧会向下弹回，撑住顶板，筒灯会牢固地卡在顶棚上。

（4）筒灯维修方法。维修时，只要把灯筒用力慢慢下拉，灯筒两侧的弹簧会向上翻起，拉到露出弹簧，用手顶住弹簧，把筒灯取下。将筒灯镶入孔中，注意将卡口扣好。

5. 水晶灯的安装

水晶灯一般分为吸顶灯、吊灯、壁灯和台灯几大类，需要电工安装的主要是吊灯和吸顶灯。虽然各个款式品种不同，但是它们的安装方法相似。

目前，水晶灯的电光源主要有节能灯、LED 灯或者是节能灯与 LED 灯的组合，如图 2-56 所示。由于大多数水晶灯的配件都比较多，安装时一定要认真阅读说明书。

（1）打开包装，检查各个配件是否齐全，有无破损。

（2）检查配件后，接上主灯线通电检查，如果有通电不亮等情况，应及时检查线路（大部分是运输中线路松动）；如果不能检查出原因，应及时

图 2-56　普通水晶灯安装效果图

与商家联系。这个步骤很重要，否则配件全部挂上后才发现灯具部分不亮，又要拆下，徒劳无功。

（3）通电试亮后，对照图样的外形及配件，看看哪些配件需要组装，一般吸顶灯都装好了，只是为了包装方便，可能部分部件没有组装，这时需要组装上。

（4）组装完毕后，取下灯具底盘后面的挂板，把挂板固定到天花板上，其方法与前面介绍吸顶灯挂板安装方法相同。

（5）固定好挂板后，把灯挂上（需要 2～3 人配合），挂好后撕下灯具的保护膜，把灯泡拧上，然后通电再一次试亮。

（6）挂好灯具后，把水晶片、玻璃片等配件挂上。

（7）把长短不同的水晶柱一个一个挂上（一般为穿孔式，数量比较多，有的灯具有几百个水晶挂件），在安装过程中要注意按分类顺序排列，装完以后要仔细检查一下，注意挂的位置要均匀。

水晶灯安装经验指导：

（1）安装水晶灯之前一定先把安装图认真看明白，安装顺序千万不要搞错。

（2）安装灯具时，如果是装有遥控装置的灯具，必须分清相线与零线，否则不能通电且容易烧毁。

（3）如果灯体比较大难以接线，可以把灯体的电源接线加长，一般加长到能够接触到地面为宜，这样会容易安装，装上后可以把电源线藏于灯体内部，不影响美观和正常使用。

（4）为了避免水晶上印有指纹和汗渍，在安装时操作者应戴上白色手套。

6. 壁灯的安装

常见的壁灯有床头壁灯、镜前壁灯、普通壁灯等。床头壁灯大多装在床头的左上

图 2-57　壁灯安装效果图

方，灯头可万向转动，光束集中，便于阅读；镜前壁灯多装饰在盥洗间镜子附近。

壁灯的安装高度一般距离地面 2240～2650mm。卧室的壁灯距离地面可以近些，为 1440～1700mm，安装的高度略超过视平线即可。壁灯挑出墙面的距离为 95～400mm。

壁灯的安装方法比较简单，待位置确定好后，主要是固定壁灯灯座，一般采用打孔的方法，通过膨胀螺栓将壁灯固定在墙壁上，如图 2-57 所示。

2.5　家居弱电综合布线系统及组成模块

智能家居弱电综合布线系统是继水、电、气之后，第四种必不可少的家居基础设施。家居弱电综合布线系统的处理对象是信息，即信息的传送和控制，其特点是电压低、电流小、功率小、频率高，主要考虑的是信息传送的效果问题，如信息传送的保真度、速度、广度、可靠性。

⚙ **智能家居弱电综合布线系统概念：**

智能家居弱电综合布线系统是指将电视机、电话机、计算机网络、多媒体影音中心、自动报警装置等设计进行集中控制的信息系统，即家居中由这些线缆连接的设备都可由一个设备集中控制。因为与提供电能的配电系统不同，其传输信号的电压不高（一般在 12V 左右），故将这类线缆组成的系统称为弱电布线系统。一般的弱电综合布线系统主要由信息接入箱、信号线和信号端口组成，如果将综合布线系统比作家居的神经系统，信息接入箱就是大脑，而信号线和信号端口就是神经和神经末梢。信息接入箱的作用是控制输入和输出的信息信号；信号线传输信息信号；信号端口接驳终端设备，如电视机、电话机、计算机等。一般比较初级的信息接入箱至少能控制有线电视信号（当然包括卫星电视）、电话语音信号和网络数字信号；而较高级的信息接线箱则能控制视频、音频（或 AV）信号，如果所在的社区提供相应的服务，还可实现电子监控、自动报警、远程抄水电燃气表等一系列功能。

典型智能家居弱电综合布线系统如图 2-58 所示。

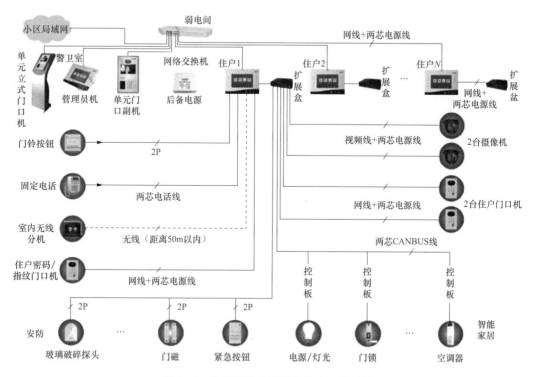

图 2-58　典型智能家居弱电综合布线系统

智能家居弱电综合布线系统是一个分布装置以及各种线缆、各个信息出口的集成，各部件采用模块化设计和分层星形拓扑结构，各个功能模块和线路相对独立，单个家电设备或线路出现故障，不会影响其他家电设备的使用。

家居弱电综合布线系统的分布装置：主要由监控模块、计算机模块、电话模块、电视模块、影音模块及扩展接口等组成；功能上主要有接入、分配、转接和维护管理。

智能家居弱电综合布线系统管理着各种信号输入和输出的连接，所有接口插座上的线路集中接入各个对应功能模块。

2.5.1　家居综合布线管理系统

1. 居家通 HCM-2000B 豪华型家居多媒体配线系统

HCM-2000B 豪华型家居多媒体配线系统由机箱和六大模块组成，机箱的安装尺寸为 340mm×420mm×155mm，六大模块分别为：

（1）电话交换模块。它提供 3 进线 8 分机的小总机功能，即系统已内置有一个小型电话交换机。

（2）计算机数据模块。它提供 100Mb/s 的 8 口 HUB 局域联网功能。

（3）有线电视模块。它提供两个一分四的标准功率分配功能。

图 2-59　典型家居多媒体配线系统箱

（4）家居影音模块。它提供四组视音频插头自由组合连接。

（5）红外转发模块。它提供对不同房间的卫星接收机、空调器、DVD 等的遥控功能。

（6）电源模块。它为以上模块提供电源。

典型家居多媒体配线系统箱如图 2-59 所示。

2. YJT-C04 豪华型多媒体布线箱

YJT-C04 豪华型家居信息接入箱的箱体由 ABS 工程塑料盖板和钢板底盒组成，外形尺寸为393mm×280mm×112mm，盒体内置 8 个模块安装控件。

YJT-C04 家居信息接入箱功能如下：

（1）网络共享。5 口网络集线器，可将室内不同地点的计算机与室外的宽带网络信号连接，实现不同地点同时上网；同时，可将家居多台计算机联网建家居局域网，实现网络资源共享。

（2）电话保密。2 进 6 出的电话保密模块，可实现不同地点打电话、接电话、呼叫转接电话功能。用户使用电话保密模块时，当室内外通话时，家中同号码的其他分机听不到。

（3）电视分配：1 进 5 出电视分配，5～1000MHz 双向传输，可将电视信号均衡分配到室内各个房间的电视机，实现不同地点同时看电视。

（4）视频音响。可将家居的 DVD/VCD 视音频信号分配到家居不同的电视机，实现家居影院共享。

（5）防盗对讲。5 进 5 出，包含视频 1 进 1 出，防盗报警转接 4 组进线 4 组出线，每组进出线有 3 个接线端子，可实现防盗对讲、监控、抄表信号的转接管理；预留 ADSL MODEM、防盗报警主机安装位置，便于用户功能扩充。

YJT-C04 豪华型家居信息接入箱如图 2-60 所示。

数字家居弱电箱犹如家中的"神经系统管家"，集宽带网络路由、程控电话交换、有

图 2-60　YJT-C04 豪华型家居信息接入箱

线电视分配等功能于一体，实现对电话机、计算机、电视机、网络家电等设备的管理，与未来发展趋势保持同步，搭建数字家居平台。

2.5.2　家居弱电综合布线系统的组成模块

1. 网络模块

网络模块主要实现对进入室内的计算机网络线的跳接。来自房间信息插孔的五类网线按线对的色标打在模块的背面对应插座上，前面板的 RJ45 插孔通过 RJ45 跳线与小型网络交换机连接。可以将 5 口的小型交换机装在信息箱内，最好是铁壳的交换机，有利

于通过箱体散热和屏蔽，ADSL、MODEM 也可放在信息箱内。

网络模块可以分为三类：信息端口模块、集线器/交换机、路由器。信息端口模块主要负责将家居内的计算机设计成一个局域网，在同一时间内，只能提供一台计算机上网。集线器/交换机因为原理相同，可以共享上网，几台计算机同时上网，不同的是集线器是"按劳分配"的，交换机是完全共享的。例如：同样的集线器及交换机提供 10Mb/s 的带宽，有五台计算机同时连接，那么集线器就是给每台计算机分配 2Mb/s 的带宽，而交换机则是 10Mb/s 的带宽。路由器也称 IP 共享器，能够让几台计算机共享一个 IP 地址，也就是拉一条宽带则可以几台计算机同时共享上网。如 ZDTN8H5 超五类 RJ45 模块是依据 ISO/IEC11801、EIA/TIA568 国际标准设计制造的，一端用于端接 8 芯 UTP 双绞线，另一端为 RJ45 接口用于连接数据通信设备，其性能优于 TIA 增强五类的标准。网络模块由一组五类 RJ45 插孔组成，如图 2-61 所示，

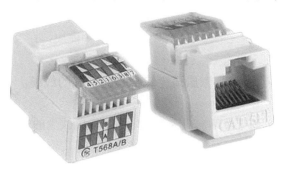

图 2-61　网络模块

2. 电话模块

电话模块与数据模块是一样的，也是采用一组五类 RJ45 插孔将进入室内的电话外线复接输出，为一进多出，输出口连接至房间的电话插座，再由插座接至电话机。此模块采用五类 RJ45 接口标准，如室内布线使用五类双绞线，亦可用于计算机网络连接。如 ZDN6/2 电话插座模块是专用于语音通信的两芯接线模块，其安装方式等同于超五类 RJ45 插座模块，一端为旋接式端子排（用于端接各种规格的线缆），另一端为 RJ12 接口［用于连接电话机/传真等设备（符合电信接入要求）］。电话模块如图 2-62 所示。

图 2-62　电话机模块

3. 电视模块

电视模块其实是一个有线电视分配器。电视模块由一个专业级射频一分四的分配器构成，如图 2-63 所示。电视模块的功能就是将一条有线电视进口分出几个出口分布到不同的地方，也可应用于卫星电视和安全系统，其安装方式等同于超五类 RJ45 插座模块，使用灵活方便。

4. 影音模块

影音模块主要用于家庭音乐系统的应用，采用标准的 RCA 或 S 视音频插座，安装方式也等同于超五类 RJ45 插座模块，如图 2-64 所示。将视音频（视：V；右声道：R；左声道：L）输入信号线接入端口，输出信号线也接入相应输出端口。每个输出端口在面板上有一组三位的可上下拨动的开关（相应数字"1""2""3"，往下为闭合，标为"ON"）可分别控制 3 路输出信号与

图 2-63　电视机模块

图 2-64　影音模块

输入信号的复接、断开，这样可以多个房间共享一台 VCD/DVD 机影音播放。

5. 其他模块

（1）ST 光纤模块专门用于光纤到桌面的高速数据通信应用，采用与 ST 头相匹配的耦合器，其安装方式也等同于超五类 RJ45 插座模块。

（2）SC 光纤模块同上述模块类似，采用与 SC 头相匹配的耦合器。

（3）音响接线模块配置具有夹接功能的音箱接口模块，在家庭音乐系统中，使音箱位置的配置更灵活方便。

2.5.3　家居弱电综合布线系统的线缆

1. 电话线

固定电话已成为人们生活中不可缺少的通信工具，电话线的芯数决定可接电话分机的数量，与信号传输速率无关（信号传输速率取决于铜芯的纯度及横截面积）。

> 电话线：2 芯独股电话线就可满足一般需求，一般使用 4 芯的双绞线较好，可以串联，也可以并联，串联铺设简单，成本低；并联采用星形连接，铺设工序多，成本高，将来扩展性强，还可以使用家居 4 口或 8 口的交换机。4 芯线可满足家中安装两部不同号码电话机的需要。

2. 有线电视线/数字电视线

有线电视的布线在家居布线中一般采用进线经一分二的分配器分成两路后再分别进行一分二，这样电视信号经过两次分配器的衰减，电视机的信号就很差了，图像自然就不清晰了。外线进户后，应根据房间的数量，直接用一个（一分三或一分四）分配器分配后再接入各房间。若要实现有线电视广播 HFC 接入方式，需要将其中一路接到多口路由器附近。

> 有线电视/数字电视分配器：采用有线电视分配模块，一分六（或八）双向隔离分配器可对有线电视实行放大后再分路，实现 6（或 8）台电视机同时收看电视节目，保证电视图像质量。

3. 计算机网络线

计算机网络线主要用于家居宽带网络的连接，内部有 8 根线，家居常用的网络线有五类和超五类两种。家居局域网采用 5 口（或 8 口）路由数据模块，实现计算机互连组网，可以几台计算机共享资源，还可以同时上网但只交一条链路的费用。

> ⚙ **计算机网络接入方式:** 目前主要有固定电话网、ADSL 接入方式、有线电视广播 HFC 接入方式、以太网接入方式。

4. 音视频线

音视频线主要用于家居影院中功率放大器和音箱之间的连接。音视频线是由高纯度铜作为导体制成的。

音视频线规格:有 32 支、50 支、70 支、100 支、200 支、300 支、400 支、504 支。这里的"支"是指该规格音视频线由相应的铜芯根数所组成,如 100 支就是由 100 根铜芯组成的音视频线。

一般而言,200 支就可满足基本需要。如果对音响效果要求很高,可考虑 300 支音视频线。如果需暗埋音视频线,应采用 PVC 管进行埋设。

> ⚙ **音视频线的功能:**
>
> (1) 在家居影院和背景音乐系统中,可把客厅里家居影院中激光 CD 机、DVD 等输出信号传输到背景音乐功率放大器的信号输入端子。背景音乐设计根据需要,在包括厨房、卫生间、书房、阳台的任何一个房间布上音乐点,通过一个或多个音源,将高保真的音乐传送到每个房间,可以根据需要独立控制每个房间的音量大小。
>
> (2) 音视频线可把 DVD/卫星接收机/数字电视机顶盒输出的信号送到每个房间,音视频线表面看起来是一根线,实际上是三根线并在一起(一根细的左声道屏蔽线,一根细的右声道屏蔽线,一根粗的视频图像屏蔽线)。若选择 AV 影视交换中心产品,能够同时输入计算机、DVD、卫星接收机、数字机顶盒、MP3 等信号源,输出到家里所有房间,而且可以在各房间独立地遥控选择信号源,可以远程开机、关机、换台、快进、快退等,是音视频、背景音乐共享和远程控制的最佳性价比设计方案。

5. VGA 线+音频线+网线

计算机上的内容丰富多彩,但屏幕太小,不能多人同时欣赏。

> ⚙ **VGA 线+音频线+网线功能扩展:** 是致力于家居终极娱乐方式,把计算机作为家居的媒体中心、网络中心和控制中心;客厅的高清数字电视作为家居数码产品的显示中心和视听中心;利用互联网海量的音乐资源、影视资源、电视节目资源、游戏资源、信息资源,就可以足不出户,在客厅就可轻松操作键盘、鼠标控制书房的计算机;还可以视频聊天,与远方的亲人沟通,可搜索到想要的一切。

6. HDMI 高清线缆

随着高清数字电视的普及，需要高清数字信号源和传输高清数字信号源的线缆，目前一些高档的显卡已经具有 HDMI 输出，计算机的视频到高清电视要用 HDMI 线缆，现在高档的 DVD，包括高清播放机和蓝光 DVD、HDDVD 都已具备 HDMI 输出，将其连到高清电视需要通过 HDMI 线缆连接。高清机顶盒，一般也有 HDMI 输出。

经验指导： HDMI 设备以后会越来越多，为了以后能方便地使用这些高清设备而不必再开槽布线，应在住宅家装初期预先埋设。

---

7. 其他线缆

远程抄表、防盗报警信号线用于楼宇对讲设备，三表抄送可以用网络线，安防系统可用多芯线缆。

2.6 弱电线缆的特征与选用

2.6.1 视频传输线的特征

1. 弱电电缆的组成

（1）内导体：由于衰减主要是由内导体电阻引起的，内导体对信号传输影响很大。

（2）绝缘：影响衰减、阻抗、回波损耗等性能。

（3）外导体：回路导体、屏蔽作用。

2. 弱电电缆的命名原则

（1）弱电电缆产品应用场合或大小类名称。

（2）弱电电缆产品结构材料或形式；产品结构按从内到外的原则：导体→绝缘→内护层→外护层。

（3）弱电电缆产品的重要特征或附加特征。

弱电电缆基本按上述顺序命名，有时为了强调重要或附加特征，将特征写到前面或相应结构描述前。

3. 弱电线缆结构

（1）SYV 系列实心聚乙烯绝缘 75Ω 电缆结构。

如图 2-65 所示为 SYV 系列实心聚乙烯绝缘 75Ω 电缆结构通常用于电视监控系统的视频传输，适合视频图像传输。

如图 2-66 所示为 SYW V（Y）、SYKV 有线电视、宽带网专用电缆结构，通常用于卫星电视传输以及有线电视传输等，适合射频传输。

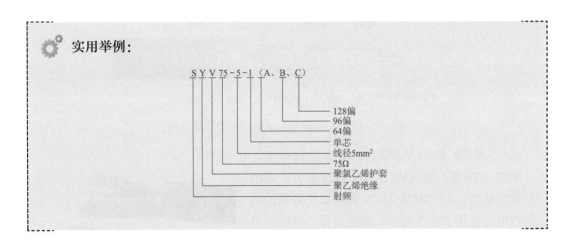

实用举例:

SYV75-5-1 (A、B、C)

- 128偏
- 96偏
- 64偏
- 单芯
- 线径5mm²
- 75Ω
- 聚氯乙烯护套
- 聚乙烯绝缘
- 射频

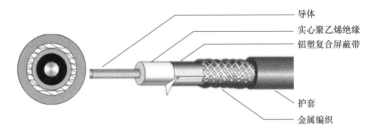

- 导体
- 实心聚乙烯绝缘
- 铝塑复合屏蔽带
- 护套
- 金属编织

图 2-65　SYV 系列实心聚乙烯绝缘 75Ω 电缆结构

(2) SYW V (Y)、SYKV 有线电视、宽带网专用电缆结构。

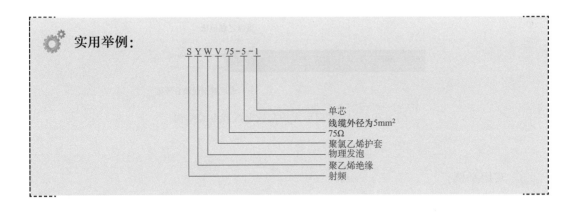

实用举例:

SYWV75-5-1

- 单芯
- 线缆外径为5mm²
- 75Ω
- 聚氯乙烯护套
- 物理发泡
- 聚乙烯绝缘
- 射频

(3) RG-58-96♯-镀锡铜编织-50Ω 电缆结构。

如图 2-67 所示为 RG-58-96♯-镀锡铜编织-50Ω 电缆结构,通常用于电视频图像传输或 HFC 网络等。

(4) AVVR 或 RVV 聚氯乙烯绝缘软电缆结构。

如图 2-68 所示,AVVR 或 RVV 里面采用的线为多股细铜丝组成的软线,即由 RV 线组成,通常用于弱电电源供电等。

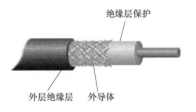

- 绝缘层保护
- 外层绝缘层
- 外导体

图 2-66　SYW V (Y)、SYKV 有线电视、宽带网专用电缆结构

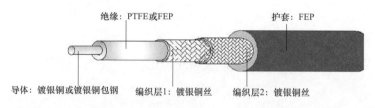

图 2-67   RG-58-96♯-镀锡铜编织-50Ω 电缆结构

（5）AVVR 或 RVV 圆形双绞聚氯乙烯绝缘软电缆结构。

如图 2-69 所示为 AVVR 圆形双绞聚氯乙烯绝缘软电缆结构。AVVR 或 RVV 圆形双绞聚氯乙烯绝缘软电缆适用于楼宇对讲、防盗报警、消防、自动抄表、弱电电源供电等。

如图 2-70 所示为 AVBB 扁形无护套软电线或电缆结构，通常用于背景音乐和公共广播，也可作为弱电供电电源线。

图 2-68   RVV 聚氯乙烯绝缘软电缆

（6）AVRS 绞型双芯电源线、RVS 铜芯聚氯乙烯绞型连接电线结构。

图 2-69   AVVR 圆形双绞聚氯乙烯绝缘软电缆结构

图 2-70   AVBB 扁形无护套软电线或电缆结构

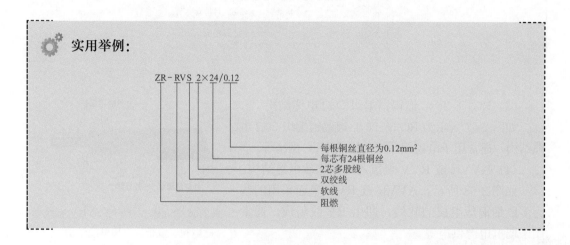

如图 2-71 所示为 AVRS 绞型双芯电源线结构，AVRS 和 RVS 常用于家居电器、小型电动工具、仪器仪表、控制系统，通常用于公共广播系统/背景音乐系统布线、消防系统布线、照明及控制用线。

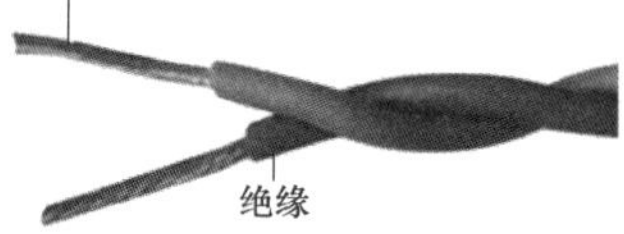

图 2-71　AVRS 绞型双芯电源线结构

（7）RIBYXB 音箱连接线（发烧线、金银线）结构。

如图 2-72 所示为 RIBYXB 音箱连接线（发烧线、金银线），用于功放机输出至音箱的接线。

（8）UTP 局域网电缆结构。

如图 2-73 所示为 UTP 局域网电缆，适用于传输电话、计算机数据、防火防盗安保系统、智能楼宇信息网、计算机网络线，有五类、六类之分，有屏蔽与不屏蔽之分。

图 2-72　RIBYXB 音箱连接线（发烧线）

图 2-73　UTP 局域网电缆

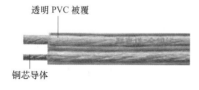

图 2-74　RVB2X1/0.4 电话线

（9）RVB2X1/0.4 电话线结构。

如图 2-74 所示为 RVB2X1/0.4 电话线，适用于室内外电话安装用线。

2.6.2　弱电线缆的性能及选用

1. 弱电线缆性能

（1）SEG-NET 五类 4 对非屏蔽对绞线缆（UTP-CAT5E）在综合布线系统中能远距离传输高比特率信号，既传输高速数据，又能保证良好的数据完整性。SEG-NET 五类 4 对非屏蔽对绞线缆（UTPCAT5E）产品特性及典型应用见表 2-8。

表 2-8　　SEG-NET 五类 4 对非屏蔽对绞线缆（UTPCAT5E）产品特性及典型应用

产品特性	典型应用
适应环境温度：−20～60℃	10BASE-T
导体使用单根或多股绞合裸软铜线	100BASE-T4
标准阻燃聚氯乙烯或低烟无卤线缆护套（PVC）	100BASE-TX
阻水型电缆采用单层或双层阻水材料	100VG-AnyLAN
聚乙烯绝缘（PE）	1000BASE-T

续表

产品特性	典型应用
可选择撕拉线	155Mb/sATM
难燃程度：CMX、CM、MP、CMG、MPG、CMR、MPR	
无轴成卷包装	

（2）SGE-NET 超五类 4 对非屏蔽对绞线缆（UTPCAT5）在综合布线系统中能远距离传输高比特率信号，其频率性能可达到 155MHz。SGE-NET 超五类 4 对非屏蔽对绞线缆（UTPCAT5）产品特性及典型应用见表 2-9。

表 2-9　SGE-NET 超五类 4 对非屏蔽对绞线缆（UTPCAT5）产品特性及典型应用

产品特性	典型应用
适应环境温度：−20～60℃	10BASE-T
导体使用单根或多股绞合裸软铜线	100BASE-T4
标准阻燃聚氯乙烯或低烟无卤线缆护套（PVC）	100BASE-TX
聚乙烯绝缘（PE）	100VG-AnyLAN
可选择撕拉线	1000BASE-T
难燃程度：CMX、CM、MP、CMG、MPG、CMR、MPR	155Mb/sATM
无轴成卷包装	622Mb/sATM

（3）SGE-NET 六类 4 对非屏蔽对绞线缆（UTPCAT6）为现有网络应用提供最高的线缆性能并符合未来网络的需求，其频率性能可达到 200MHz，通常可达 300MHz。SGE-NET 六类 4 对非屏蔽对绞线缆（UTPCAT6）产品特性及典型应用，见表 2-10。

表 2-10　SGE-NET 六类 4 对非屏蔽对绞线缆（UTPCAT6）的产品特性及典型应用

产品特性	典型应用
适应环境温度：−20～60℃	10BASE-T
导体使用单根或多股绞合裸软铜线	100BASE-T4
标准阻燃聚氯乙烯或低烟无卤线缆护套（PVC）	100BASE-TX
聚乙烯绝缘（PE）	100VG-AnyLAN
可选择撕拉线	1000BASE-T
难燃程度：CMX、CM、MP、CMG、MPG、CMR、MPR	155Mb/sATM
无轴成卷包装	622Mb/sATM

（4）SGE-NET 三/五类 25 对非屏蔽对绞电缆（UTPCAT3/CAT5）在综合布线系

统中能远距离传输高比特率信号，既传输高速数据，又能保证良好的数据完整性。SGE-NET 三/五类 25 对非屏蔽对绞电缆（UTPCAT3/CAT5）产品特性及典型应用见表 2-11。

表 2-11 SGE-NET 三/五类 25 对非屏蔽对绞电缆（UTPCAT3/CAT5）产品特性及典型应用

产品特性	典型应用
适应环境温度：—20～60℃	10BASE-T
导体使用 24 线规实心铜导体，2 芯一对，5 对一组	100BASE-T4
标准阻燃聚氯乙烯或低烟无卤线缆护套（PVC）	100BASE-TX
聚乙烯绝缘（PE）	100VG-AnyLAN
采用胶带绑组，围绕中心加强芯分布	155Mb/sATM
难燃程度：CMX、CM、MP、CMG、MPG、CMR、MPR	
有轴成卷包装	

（5）同轴射频电缆又称同轴电缆。同轴电缆一般是由轴心重合的铜芯线和金属屏蔽网这两根导体以及绝缘体、铝复合薄膜和护套 5 个部分构成的。

为了规范电缆的生产与使用，我国对同轴电缆的型号实行了统一的命名，通常它由 4 个部分组成，其中，第二、三、四部分均用数字表示，这些数字分别代表同轴电缆的特性阻抗（Ω）、芯线绝缘的外径（mm）和结构序号。有线电视同轴电缆的产品特性见表 2-12。

（6）卫星电视同轴电缆是为抛物面卫星天线和控制器/接收器间卫星电视互连而设计的，适用于多数系统。卫星电视同轴电缆有两种类型，单同轴电缆或由数根缆芯和一根同轴电缆组成的复合电缆。卫星电视同轴电缆产品特性见表 2-13。

表 2-12 有线电视同轴电缆的产品特性

		普通—5	低损耗—7	普通—7
特性阻抗（Ω）		75	75	75
电容（pF/m）		56	56	56
衰减（dB）	10MHz	0.4		
	100MHz	1.1	0.75	0.8
	900MHz	4	2.6	2.7
全径（mm）		5.1	7.25	7

表 2-13 卫星电视同轴电缆特性

		CT-100	CT125	CT167
特性阻抗（Ω）		75	75	75
电容（pF/m）		56	56	56
衰减（dB）	100MHz	6.1	4.9	3.7
	860MHz	18.7	15.5	12
	1000MHz	20	16.8	13.3
	3000MHz	36.2	31	25.8
回波损耗（RLR）	10～450MHz	20	20	20
	450～1000M	18	18	18
	1000～1800MHz	17	17	17
全径（mm）		6.65	7.25	7

（7）音频电缆为镀锌铜双芯外裹聚烯烃绝缘层结构，每条线股分别采用粘接 BEL-FOIL 铝聚酯屏蔽罩。音频电缆产品特性见表 2-14。

表 2-14 音频电缆产品特性

		阻抗（Ω）	外径（mm）	截面积（mm²）	电容（pF/m）	备注
低温特柔型	1 芯	50	3.33			
	2 芯	50	7.29			
对绞型	20（7×28）		4.6	0.5		
	18（7×28）		5.9	0.8		
	16（19×29）		7.0	1.3		
单绞型			5.95		43p	适用于移动数字音频设备间的互连，500m的扩展传输

2. 弱电线缆的选用

（1）视频信号传输线缆的选用。一般采用专用的 SYV75Ω 系列同轴电缆；常用型号为 SYV75-5（它对视频信号的无中继传输距离一般为 300～500m）；距离较远时，需采用 SYV75-7、SYV75-9 同轴电缆（在实际工程中，粗缆的无中继传输距离可达 1km以上）。

（2）通信线缆的选用。一般采用 2 芯屏蔽通信电缆（RVVP）或 3 类双绞线（UTP），每芯截面积为 0.3～0.5mm²。选择通信电缆的基本原则是距离越长，线径越大。RS-485 通信规定的基本通信距离是 1200m，但在实际工程中选用 RVV2-1.5 的护套线可以将通信长度扩展到 2000m 以上。

（3）控制电缆的选用。控制电缆的选用需要根据传输距离及工作环境选择线径和是否需要屏蔽。

（4）声音监听线缆的选用。一般采用 4 芯屏蔽通信电缆（RVVP）或三类双绞线（UTP），每芯截面积为 0.5mm²。监控系统中监听头的音频信号传到中控室采用点对点布线方式，用高压小电流传输，因此采用非屏蔽的 2 芯电缆即可，如 RVV2-0.5。前端探测器至报警控制器之间一般采用 RVV2×0.3（信号线）以及 RVV4×0.3（2 芯信号＋2 芯电源）型号的线缆；报警控制器与终端安保中心之间一般采用 2 芯信号线。

（5）楼宇对讲系统线缆的选用。

1）传输语音信号及报警信号的线缆主要采用 RVV4-8×1.0。

2）视频传输主要采用 SYV75-5 的线缆。

3）有些系统因怕外界干扰或不能接地时，应选用 RVVP 类线缆。

4）直接按键式楼宇可视对讲系统的室内机视频、双向声音及遥控开锁等接线端子都以总线方式与门口机并接，但各呼叫线则单独直接与门口机相连，应选用三类双绞线（UTP），芯线截面积为 0.5mm²。

2.7 家居弱电系统布线操作

2.7.1 家居弱电布线

在进行布线前，首先应该了解居室环境及各房间的用途。然后根据电源配电箱、有线电视进线口和电话线、网线入户口的位置，确定信息接入箱及分线器的位置，一般信息接入箱不要轻易移动（如果已有信息入箱）。电话线及网络线的配线箱应选一个既隐蔽又方便操作的地方（不影响美观），考虑到要放路由器和交换机，所以应设计一个较大的配线箱。有线电视则在进线口设计一个能摆放两只分配器的盒子。

典型的"星形拓扑"布线方式如图 2-75 所示。"星形拓扑"布线方式即信息系统并联布线，并且电话线和网线分别采用 4 芯线和 8 芯线（五类线）。为了方便，电话线和网络线穿在同一根 PVC 电线管内（理论上电话线和网络线应分开布线，间距 10cm 以避免相互干扰），考虑到家居电话和网络同时使用的时间很短，不会造成大的干扰。

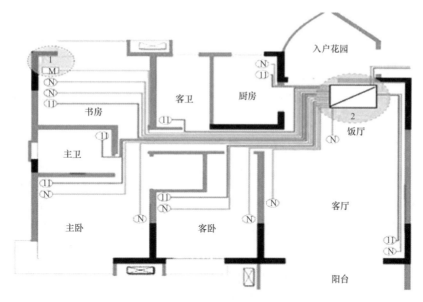

图 2-75 "星形拓扑"布线方式

PVC 电视管敷设在地板下，信息插座安装在离地面 30cm 的墙壁上。在实际安装过程中，信息线应考虑留有余量，底盒一般留有 30cm，信息接入箱内留有 50cm。假设各种信息插座到信息接入箱的平均距离为 25m，简单计算即可得出材料清单。材料清单见表 2-15。

目前，数字电视可以实现交互式功能，这个过程是用户可告诉电视台想看什么节目，然后电视台播放用户所指定的节目。为实现双向通信，在数字电视中，下行用同轴电缆传送电视信号，上行用五类线传送交互式信号。

表 2-15　　　　　　　　　　　　材料清单

安装材料名称	单位	数量	安装材料名称	单位	数量
超五类非屏蔽双绞线	m		超五类 RJ45 信息插座	个	
75Ω 同轴电缆	m		75Ω 电视插座	个	
视音频线	m		三孔视音频插座		
电话线	m		电话插座	个	
PVC 管	m		墙内插座安装盒等辅材		

数字电视线设备及布线示意图如图 2-76 所示。

有线电视布线应根据房间数量，直接用一个（一分三或一分四）分配器经分配后接入各房间。如果进户有两路线，应一路直接接客厅，这样客厅电视机的清晰度会更好；另一路经分配器接各房间。

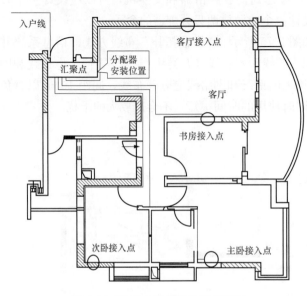

图 2-76　数字电视线设备及布线图

2.7.2　家居组网技术

以太网线布线可实现高达千兆的局域网，是家居组网首选传输介质。用户要完成多个房间的以太网布线，需要精心设计网络拓扑（包括网络架构、交换节点、汇聚节点等），并进行布线施工。

1. 家居网络

（1）局域网系统。如图 2-77 所示，在家居组建小型局域网络，只需申请一根上网宽带线路，让每个房间都能够利用计算机同时上网。另外，随着家电网络化的趋势，网络影音中心、网络冰箱、网络微波炉、网络视频监控会陆续出现，这些设备都可以在就近网络接口接入网络。

要建的局域网是一个星形拓扑结构，任何一个节点或连接电缆发生故障，只会影响一个节点，在信息接入箱安装起总控作用的 RJ45 配线面板模块，所以以网络插座来的线路接入配线面板的后面。别外，信息接入箱中还应装有小型网络交换机，通过 RJ45 跳线接到配线面板的正面接口。

（2）有线电视系统。如图 2-78 所示，家居的有线电视系统应使用专用双向、高屏蔽、高隔离 1000MHz 同轴电缆和面板、分配器、放

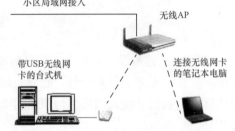

图 2-77　家居组建小型局域网示意图

大器（多于 4 个分支时需要）。分配器应选用标有 5～1000MHz 技术指标的优质器件。电缆应选用对外界干扰信号屏蔽性能好的 75-5 型、四屏蔽物理发泡同轴电缆，保证每个

房间的信号电平；有线电视图像清晰、无网络干扰。有线电视的布线相对简单，对于普通商品房，只需在家居信息接入箱中安装一个一分四的分配器模块就可以将外线接入的有线电视分到客厅和各个房间。

（3）电话系统。如图 2-79 所示，家里安装小型电话程控交换机后，只需申请一根外线电话线路，让每个房间都能拥有电话。而且既能内部通话，又能拨接外线，外电进来时巡回振铃，直到有人接听。如果不是你的电话，你可以在电话机上按房间号码，转到另外一个房间。

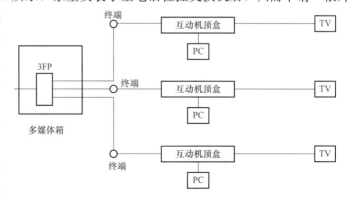

（4）家居影院系统。组建家居影院系统应是众多家居的选择。家居影院是指在

图 2-78　家居的有线电视系统示意图

家中能够享受到与电影院相同或相近的清晰而绚丽多彩的图像，充满动感和如在现场的声音效果。家居影院器材分为视频与音频两大部分，视频部分是整套系统中非常重要的一环，通常由大屏幕彩电或投影机担任。

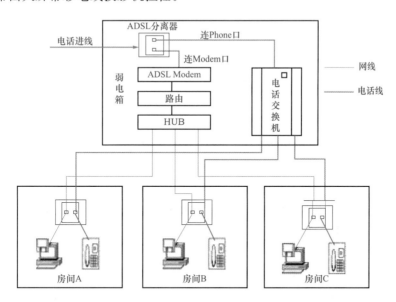

图 2-79　家居电话系统示意图

AV 功放是音频重放的中心，其特点是多声道的声音重放。谈到多声道的重放就离不开环绕声的标准。

现流行的环绕声标准有：

1）杜比数码（DolbyDigital）环绕声（5.1 声道）。

2）DTS 环绕声（5.1 声道）。

3）DTS-ESDiscrete 环绕声（6.1 声道）。

4）THXSurroundEX 环绕声（7.1 声道）。

家居影院中音箱由五只、六只、七只等各加一个重音箱构成。前方左右两边的主音箱和中置音箱可以不用布线，而后方的环绕音箱等就应布线。家居影院系统布线主要包括投影机的视频线（如 VGA、色差线、DVI、HDMI）和音箱线。既然是顶级的家居影院系统，这些线缆是没有接续的，也就是一条线走到底，接头和线都是订做的，因此与其他布线系统独立，一般只在客厅或书房中布线。在设计时要精确计算走线的长度以便定制合适长度的线缆。

图 2-80 所示为典型家居影院系统示意图。

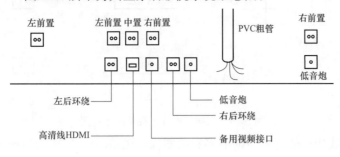

图 2-80　家居影院系统示意图

（5）AV 系统。AV 是影音的集合体，因信号的输出包括一路视频、一路左声道、一路右声道。一般 AV 设备都是在客厅里，若需要在各房间里都能欣赏 AV 影音设备播放的影音就必须通过家居综合布线将上述三种线路接到各房间。家居 AV 系统包括 DVDAV 系统、卫星接收机 AV 系统、数字电视 AV 系统。通过 AV 信号传输系统，可以在其他房间看影碟、看卫星电视节目、看数字电视节目，无需重复添置多台 DVD、卫星接收机、数字电视机顶盒等设备。

2. 组网选择

（1）WiFi 适用于在家居内部组建无线网络，是各种智能终端的主要联网方式。在理想情况下，WiFi 能提供数百兆无线带宽，使得无线承载多媒体应用尤其是视频媒体成为可能。但在用户家中的无线覆盖效果通常有所差异，在部分用户家中，由于障碍物阻挡（如家具、墙体）以及通信距离较远，无线信号的覆盖范围和强度会大大下降，影响了组网效果。我国有 2.4GHz 和 5.8GHz 两种频段规格的 WiFi 产品，前者主要用于无线上网，后者更适合进行无线视频传输。

（2）同轴电缆在国内主要用于有线电视广播的传输，通过调制解调也可以用来传输数据业务。但所能使用的数据传输频段划归广电运营商。

（3）电力线传输数据，电力插座遍布于家居各个房间，接入点选择比较灵活，因此基于电力线完成组网是电信业务家居部署的有效手段。

用户可综合运用以太网线、WiFi、电力线等家居组网技术手段并结合成本因素，合理选择配套终端。推荐的组网原则为：以太网为首先，WiFi 提供移动性，电力线通信实现穿墙覆盖。推荐的组网产品包括外置 AP、AP 外置型网关、电力线通信产品等。

3. 光纤到信息接入箱

用户使用 WiFi 无线上网业务，家居内的线缆汇聚点（如大尺寸家居信息接入箱）能满足 PON 上行 e8-C 设备的放置，但信息接入箱对外部的无线覆盖效果不能满足用户无线上网需求。推荐的组网方案是以 AP 外置型网关＋位置 AP 产品组合，可提供家居内无线上网覆盖。在用户住宅内选择无线 AP 覆盖效果能满足用户业务使用的位置，从该位置敷设 1 条五类线至线缆汇聚点（家居网关的放置点），并提供电源插座（为无线 AP 设备供电）。

4. 光纤到客厅

用户有 2 路 IPTV，分别在客厅和卧室使用，但客厅电视墙和卧室的电视机附近没有以太网端口资源，除非敷设较长的明线，否则无法使用 IPTV 业务。推荐的组网方案是以 5.8GAP-APClient 产品组合或者使用电力猫实现 IPTV 业务部署。

5. 8GAP-APClient 产品组合承载 IPTV，选择适合 5.8GAP 放置的位置，敷设 1 条五类线至线缆汇聚点（网关的放置点），并提供电源插座（为无线 AP 设备供电），机顶盒通过五类线连接 5.8GAPClient（无线客户端）。

家居综合布线产品（外置 AP、5.8GAPClient、电力猫）信息见表 2-16。

表 2-16　　　　家居综合布线产品（外置 AP、5.8GAPClient、电力猫）信息

产品名称	应用选择	形态	业务应用
外置 AP	入户点无法满足家居无线覆盖要求	2.4GHz	无线上网
		5.8GHz（需与 5.8GAPClient 配对使用）	无线 IPTV
5.8GAPClient	连接高清机顶盒	5.8GHz（需与 5.8GAP 配对使用）	无线 IPTV
电力猫	没有家居五类布线	带 12V 直流供电	有线 IPTV 或有线上网
		不带 12V 直流供电	有线 IPTV 或有线上网
		支持 2.4GHz WiFi	有线 IPTV 有线无线上网

注　为确保电力线通信设备组网效果，用户应选择同厂商设备配套使用。

2.7.3　家居弱电综合布线（管）施工

1. 弱电布线施工材料要求

（1）线缆。

1）电源线：根据国家标准，单个电器支线、开关线用标准 1.5mm²，主线用标准 2.5mm²。

2）背景音乐线：标准 2×0.3mm²。

3）环绕音响线：标准 100～300 芯无氧铜。

4）视频线：标准 AV 影音共享线。

5）网络线：超五类 UTP 双绞线。

6）有线电视线：宽带同轴电缆。

（2）塑料电线保护管及接线盒、各类信息面板必须是阻燃型产品，外观不应有破损及变形。电线保护管及接线盒外观不应有折扁和裂缝，管内应无毛刺，管口应平整。

（3）通信系统使用的终端盒、接线盒与配电系统的开关、插座，选用与各设备相匹配的产品。

2. 接插件的检验要求

（1）接线排和信息插座及其他接插件的塑料材质应具有阻燃性。

（2）安保接线排的安保单元过电压、过电流保护各项指标应符合有关规定。

（3）光纤插座的连接器使用型号和数量、位置与设计相符。

（4）光纤插座面板应有发射（TX）和接收（RX）明显标志。

双绞线缆与干扰源最小的距离见表 2-17。

表 2-17　　　　　　　　　　　　双绞线缆与干扰源最小的距离

干扰源类别	线缆与干扰源接近的情况	间距（mm）
小于 2kVA 的 380V 电力线缆	与电缆平行敷设	130
	其中一方安装在已接地的金属线槽或管道	70
	双方均安装在已接地的金属线槽或管道	10
2～5kVA 的 380V 电力线缆	与电缆平行敷设	300
	其中一方安装在已接地的金属线槽或管道	150
	双方均安装在已接地的金属线槽或管道	80
大于 5kVA 的 380V 电力线缆	与电缆平行敷设	600
	其中一方安装在已接地的金属线槽或管道	300
	双方均安装在已接地的金属线槽或管道	150
荧光灯等带电感设备	接近电缆线	150～300
配电箱	接近配电箱	1000
电梯、变压器	远离布设	2000

3. 室内弱电施工要求

家居布线中需要注意弱电线与强电线的布线距离、方向、位置关系应参考有关的国家标准，网线应尽量使用 PVC 电线管保护，并且在拐角处使用圆角双通以便于线路抽换。

（1）严格按图样或与业主交流确定的草图施工，在保证系统功能质量的前提下，提高工艺标准要求，确保施工质量。

（2）按图样或与业主交流确定的布线路径（草图）及信息插座的位置准确、无遗漏。

（3）电线管路两端接设备处导线应根据实际情况留有足够的冗余，导线两端应按照图样提供的线号用标签进行标识，根据线色来进行端子接线，并应在图样上进行标识，作为施工资料进行存档。

（4）设备安装牢固、美观，墙装设备应端正一致。

4. 施工顺序

（1）确定点位。

1）熟读弱电布线施工图，若没有弱电布线施工图，应与业主交流确定布线方案。

2）点位确定的依据。根据弱电布线施工图或与业主交流确定布线方案，结合点位示意图，用铅笔、直尺或墨斗在墙上将各点位处的暗盒位置标注出来。

3）暗盒高度的确定。除特殊要求外，暗盒的高度与原强电插座一致，背景音乐调音开关的高度应与强电开关的高度一致。若有多个暗盒在一起，暗盒之间的距离至少为10mm。

4）确定各点位用线长度。测量信息箱到各信息插座的长度；加上信息插座及信息接入箱处的冗余线长度，信息接入箱处的线缆冗余长度为信息接入箱周长的一半，各点信息插座处线缆冗余长度为 200～300mm。

5）确定标签。将各类线缆按一定长度剪断后在线的两端分别贴上标签，并注明弱电种类-房间-序号。

6）确定管内线数。电线管内线缆的横截面积不得超过电线管的横截面积的 40％。

因为不同的房间环境要求不同的信息插座与其配合。在施工设计时，应尽可能考虑用户对室内布局的要求，同时又要考虑从信息插座连接设备（如计算机、电话机等）方便和安全。

墙上安装信息插座一般考虑嵌入式安装，在国内采用标准的 86 型底盒。该墙盒为正方形，规格为 80mm×80mm，螺孔间距为 60mm。信息插座与电源插座的间距应大于 20cm。桌上型插座应考虑和家具、办公桌协调，同时应考虑安装位置的安全性。

（2）开槽。

1）确定开槽路线。遵循路线最短、不破坏防水原则。

2）确定开槽宽度。根据信号线数量确定 PVC 电线管的管径，进而确定槽的宽度。

3）确定开槽深度。若选用 ϕ16mm 的 PVC 电线管，则开槽深度为 20mm；若选用 ϕ20mm 的 PVC 电线管，则开槽深度为 25mm。

4）开槽外观要求：横平竖直，宽窄均匀，90°转弯处应为圆弧形，不能为直角。

（3）底盒安装及布管。底盒安装时，开口面必须与墙面平整、牢固，其方正，在贴砖处也不宜凸出墙面。底盒安装好以后，必须用钉子或水泥砂浆固定在墙内。在贴瓷砖的地方，应尽量装在瓷砖正中，不得装在腰线和花砖上，一个底盒不能装在两块、四块瓷砖上。并列安装的底盒与底盒之间，应留有缝隙，一般情况为 4～5mm。底盒必须平面垂直，同一室内底盒安装在同一水平线上。为使底盒的位置正确，应该先固定底盒再布管。

电线管内若布放的是多层屏蔽电缆、扁平电缆和大对数主干光缆时，直线段电线管的管径利用率为 50％～60％，转弯处管径利用率为 40％～50％。布放 4 对对绞线缆或 4 芯以下光缆时，电线管的截面利用率为 25％～30％。

电线管弯曲半径要求如下：

1）穿非屏蔽 4 对对绞线电缆的电线管弯曲半径应至少为电线管外径的 4 倍。

2）穿屏蔽 4 对对绞线电缆的电线管弯曲半径应至少为电线管外径的 6～10 倍。

3）穿主干对绞电缆的电线管弯曲半径应至少为电线管外径的 10 倍。

4）穿光缆的电线管弯曲半径应至少为电线管外径的 15 倍。

（4）封槽。

1）固定底盒。底盒与墙面要求齐平，几个底盒在一起时要求在同一水平线上。

2）固定 PVC 电线管。PVC 电线管应每间隔 1m 必须固定，并在距 PVC 电线管端部 0.1m 处必须固定。电线管由底盒、信息箱的敲落孔引入（一管一孔），并用锁扣锁紧。

3）封槽。封槽后的墙面、地面不得高于所在平面。

⚙ **弱电线缆敷设要求:**

(1) 在敷设线缆之前,先检查所有电线管是否已经敷设完成,并符合要求;路由器与拟安装信息口的位置是否与设计相符,确定有无遗漏。检查电线管是否畅通,电线管内带丝是否到位,若没有应先处理好。

(2) 穿线前应进行管路清扫,清除管内杂物及积水,有条件时应使用0.25MPa压缩空气吹入滑石粉,以保证穿线质量,并在电线管口套上护口。

(3) 核对线缆的规格和型号应与设计规定相符。

(4) 做好放线保护,不能伤保护套和踩踏线缆,线缆不应受外力的挤压和损伤。穿线宜自上而下进行,在放线时线缆要求平行摆放,不能相互绞缠、交叉,不得使线缆放成死弯或打结。

(5) 在管内穿线时,要避免线缆受到过度拉引,每米的拉力不能超过7kgf,以便保护线对绞距。

(6) 线缆两端应贴有标签,应标明编号、型号、规格、图位号、起始地点、长度等内容,标签书写应清晰、端正和正确。标签应选用不易损坏的材料,标线号时要求以左手拿线头,线尾向右,以便于以后线号的确认。

(7) 光缆在信息接入箱应盘留,预留长度宜为3~5m,有特殊要求的应按设计要求预留长度。

(8) 光缆应尽量避免重物挤压。

(9) 安装在地下的同轴电缆必须有屏蔽铝箔片以隔潮气,同轴电缆在安装时要进行必要的检查,不可损伤屏蔽层。

(10) 敷设线缆时应注意确保各线缆的温度要高于5℃。敷设线缆时应填写好放线记录表,记录主干铜缆或光纤的编号、序号。线缆敷设完毕后,应对线缆进行整理,在确认符合设计要求后方可掐断。

⚙ **布线施工经验指导:**

(1) 双绞线外包覆皮起皱或撕裂,这是由于拉力过大和电线管连接处不符合要求造成的。

(2) 双绞线外包覆皮光滑,看不出问题,但用仪表测量时发现传输性能达不到要求,这是由于拉线时拉力过大,使双绞线的长度拉长,绞合拉直造成的。这种情况用于语音和10Mb/s以下的数据传输时,影响也许不太大,但用于高速数据传输时则会产生严重的问题。

(3) 光纤没有光信号通过,这是由于拉线时操作不当,线缆严重弯折使纤芯断裂造成的。这种情况常见于光纤布线的弯折处。

第 3 章

家居布线施工工艺

3.1 家庭装修布线规范与施工要点

家庭装修布线规范:

本规范适用于住宅单相入户配电箱入户后室内强弱电电路布线及电器、灯具的安装。

(1) 配电箱户表后应根据室内用电设备的不同功率分别配线供电,大功率家电设备应独立配线安装插座。

(2) 配线时,相线与零线的颜色应不同;同一住宅相线(L)颜色应统一,零线(N)宜用蓝色,保护线必须用黄绿双色线。

(3) 导线间和导线对地间电阻必须大于 $0.5M\Omega$。

(4) 各弱电子系统均用星形结构。

(5) 进线穿线管 2～3 根从户外引入家用信息接入箱。出线穿线管从家用信息接入箱到各个户内信息插座。所敷设暗管(穿线管)应采用钢管或阻燃硬质聚氯乙烯管(硬质 PVC 管)。

(6) 直线管的管径利用率应为 50%～60%,弯管的管径利用率应为 40%～50%。

(7) 所布线路上存在局部干扰源,且不能满足最小净距离要求时,应采用钢管。

(8) 暗管直线敷设长度超过 30m 时,中间应加装过线盒。

(9) 暗管必须弯曲敷设时,其路由长度应不大于 15m,且该段内不得有 S 弯。连续弯曲超过 2 次时,应加装过线盒。所有转弯处均用弯管器完成,为标准的转弯半径。不得采用国家明令禁止的三通、四通等。

(10) 暗管弯曲半径不得小于该管外径的 6～10 倍。

(11) 在暗管孔内不得有各种线缆接头。

(12) 电源线配线时,所用导线截面积应满足用电设备的最大输出功率。

(13) 电线与暖气管、热水管、燃气管之间的平行距离不应小于 300mm,交叉距离不应小于 100mm。

（14）穿入配管导线的接头应设在接线盒内，接头搭接牢固，刷锡并用绝缘带包缠应均匀紧密。

（15）暗盒均应该加装螺接以保护线路。

（16）电路配管、配线施工及电器、灯具安装除遵守本规定外，应符合国家现行有关标准规范的规定。

（17）工程竣工后应向业主提供综合布线工程竣工简图。

3.1.1 主要材料的质量要求

（1）电器、电料的规格与型号应符合设计要求及国家现行电器产品标准的有关规定。

1）电源线：国家标准，单个电器支线、开关线用标准 $1.5mm^2$，主线用标准 $2.5mm^2$；空调插座用 $4mm^2$。

2）背景音乐线：标准 $2\times0.3mm^2$。

3）环绕音响线：100 芯无氧铜。

4）视频线：AV 影音共享线。

5）网络线：超五类 UTP 双绞线。

6）有线电视线：宽带同轴电缆。

（2）电器、电料的包装应完好，材料外观不应有破损，附件、备件应齐全。

（3）塑料电线保护管及接线盒、各类信息面板必须是阻燃型产品，外观不应有破损及变形。

（4）金属电线保护管及接线盒外观不应有折扁和裂缝，管内应无毛刺，管口应平整。

（5）通信系统使用的终端盒、接线盒与配电系统的开关、插座，选用与各设备相匹配的产品。

3.1.2 家庭装修布线的施工要点

（1）应根据用电设备位置，确定管线走向、标高及开关、插座的位置。

1）电源插座间距不大于 3m，距门道不超过 1.5m，距地面 30cm。

2）所有插座距地面高度为 30cm。

3）开关安装距地 1.2～1.4m，距门框 0.15～0.2m。

（2）电源线配线时，所用导线截面积应满足用电设备的最大输出功率。

（3）暗盒接线头留长 30cm，所有线路应贴上标签，并表明类型、规格、日期和工程负责人。

（4）穿线管与暗盒连接处，暗盒不许切割，必须打开原有管孔，将穿线管穿出。穿线管在暗盒中保留 5mm。

（5）暗线敷设必须配管。

（6）同一回路电线应穿入同一根管内，管内总根数不应超过 4 根。

（7）电源线与通信线不得穿入同一根管内。

（8）电源线及插座与电视线、网络线、音视频线及插座的水平间距不应小于 500mm。

（9）穿入配管导线的接头应设在接线盒内，接头搭接应牢固，绝缘带包缠应均匀紧密。

（10）连接开关、螺口灯具导线时，相线应先接开关，开关引出的相线应接在灯中心的端子上，零线应接在螺纹端子上。

（11）厨房、卫生间应安装防溅型插座，开关宜安装在门外开启侧的墙体上。

（12）线管均采取地面直接布管方式，如有特殊情况需要绕墙或走顶的话，必须事先在协议上注明不规范施工或填写《客户认可单》方可施工。

3.2　布管、布线材料的特性及选用

3.2.1　PVC 电线管的性能及选用

家装电气工程中常用的是 PVC 电线管和 PVC 波纹管。

PVC 电线管通常分为普通聚氯乙烯（PVC）管、硬聚氯乙烯（PVC-U）管、软聚氯乙烯（PVC-P）管、氯化聚氯乙烯（PVC-C）管四种。

PVC 可分为软 PVC 和硬 PVC，其中硬 PVC 大约占市场的 2/3，软 PVC 占 1/3。软 PVC 一般用于地板、天花板以及皮革的表层，但由于软 PVC 中含有增塑剂（这也是软 PVC 与硬 PVC 的区别），物理性能较差（如上水管需要承受一定水压，软质 PVC 就不适合使用），所以其使用范围受到了局限。

1. PVC 电线管分类

PVC 电线管根据管型可分为圆管、槽管、波形管。圆形 PVC 阻燃电线管如图 3-1 所示。

PVC 电线管根据管壁的薄厚可分为：轻型-205 外径 $\phi16\sim\phi50$mm，主要用于挂顶；中型—305 外径 $\phi16\sim\phi50$mm，用于明装或暗装；重型—305 外径 $\phi16\sim\phi50$mm，主要用于埋藏混凝土中。家庭装修主要选择轻型管和中型管。

图 3-1 圆形 PVC 阻燃电线管

PVC 电线管根据颜色可分为灰管、白管、黄管、红管等。

2. PVC 电线管的性能指标

PVC 电线管的性能指标见表 3-1。

表 3-1　　　　　　　　　　　　　　　　　PVC 电线管性能指标

项目	JG/T3050—1998 标准要求
外观	套管内外表面应光滑，无明显的气泡、裂纹及色泽不均匀等缺陷，端口垂直平整，颜色为白色
尺寸	最大外径量规自重能通过；最小外径量规自重不能通过；最小内径量规自重能通过
抗压性能	相应载荷，加载 1min，变形小于 25%；卸载 1min，变形小于 10%
冲击性能	在 −15℃或 −5℃低温下，相应冲击能量，12 根试样至少 9 根无肉眼可见裂纹

续表

项目	JG/T3050—1998 标准要求
弯曲性能	在−15℃或−5℃低温下，弯曲，无可见裂纹
弯扁性能	弯管 90°角，固定于钢架上，在 60℃±2℃条件下，量规能自重通过
耐热性能	在 60℃±2℃条件下，直规 5mm 的钢珠施以 2kg f 压力在管壁上，管表面压痕直径小于 2mm
跌落性能	无震裂、破碎
电绝缘强度	在 20℃±2℃水中，AC2000V、50Hz 保持 15min 不击穿
绝缘电阻	在 60℃±2℃水中，DC500V，电阻大于 100MΩ
阻燃性能	离开火焰后 30s 内熄灭
氧指数	不小于 32

3. PVC 电线管的壁厚

PVC 电线管的壁厚见表 3-2。

表 3-2 　　　　　　　　　　　　　　PVC 电线管的壁厚

公称外径（mm）	轻厚度（mm）	中厚度（mm）	重厚度（mm）
16	1.00（允许差+0.15）	1.20（允许差+0.3）	1.60（允许差+0.3）
20	—	1.25（允许差+0.3）	1.80（允许差+0.3）
25	—	1.50（允许差+0.3）	1.90（允许差+0.3）
32	1.40（允许差+0.3）	1.80（允许差+0.0.3）	2.40（允许差+0.3）
40	1.80（允许差+0.3）	—	2.00（允许差+0.3）

4. PVC 电线管型号及规格

PVC 电线管型号及规格见表 3-3。

表 3-3 　　　　　　　　　　　　　　PVC 电线管型号及规格

型号	规格（mm）	每支米数	型号	规格（mm）	每支米数
F521L16	ϕ16	3.03m/支	F521M32	ϕ32	3m/支
F521L20	ϕ20	3.03m/支	F521M40	ϕ40	3m/支
F521L25	ϕ25	3.03m/支	F521M50	ϕ50	3m/支
F521L32	ϕ32	3m/支	F521G16	ϕ16	3.03m/支
F521L40	ϕ40	3m/支	F521G20	ϕ20	3.03m/支
F521L50	ϕ50	3m/支	F521G25	ϕ25	3.03m/支
F521M16	ϕ16	3.03m/支	F521G32	ϕ32	3m/支
F521M20	ϕ20	3.03m/支	F521G40	ϕ40	3m/支
F521M25	ϕ25	3.03m/支	F521G50	ϕ50	3m/支

5. PVC 电线管的质量检测

家装电线管应选用性价比较高、质量优的 PVC 电线管。在选用时可采取直观法检测 PVC 电线管质量,也可参照以下内容检查 PVC 电线管的质量。

(1)阻燃测试。用明火使 PVC 电线管连续燃烧 3 次,每次 25s,间隔 5s,在 PVC 电线管撤离火源后自熄为合格。

(2)弯扁测试。将 PVC 电线管内穿入弯管弹簧,将管子弯成 90°,弯曲半径为管径的 3 倍,弯曲处外观应光滑。

(3)冲击测试。用圆头锤子敲击无裂缝(可用于现场检查)。

(4)PVC 电线管外壁应有间距不大于 1m 的连续阻燃标记和厂家标记。

(5)PVC 电线管制造厂应具有消防认可的使用许可证。

6. PVC 电线管的操作注意事项

(1)使用 PVC 电线管,弯曲时,管内应穿入专用弹簧。试验时,把管子弯成 90°,弯曲半径为 3 倍管径,弯曲后外观应光滑。

> **⚙ 弯曲 PVC 电线管经验指导:**
>
> 1)弯曲应慢慢进行,否则易损坏 PVC 电线管及其弯管弹簧。
>
> 2)弯管弹簧未取出之前,不要用力使 PVC 电线管恢复,以防损坏弹簧。
>
> 3)弯管弹簧不易取出时,可一边递时针旋转弹簧,一边向外拉出弹簧。
>
> 4)当 PVC 电线管较长时,可在弹簧上系上绳子。
>
> 5)寒冷天气施工时,可将 PVC 电线管弯曲处适当升温。

(2)PVC 电线管超过下列长度时,其中间应装设分线盒或放大管径:

1)管子全长超过 20m,无弯曲时。

2)管子全长超过 14m,只有一个弯曲时。

3)管子全长超过 8m,有两个弯曲时。

4)管子全长超过 5m,有三个弯曲时。

(3)预埋 PVC 电线管时,禁止用钳将管口夹扁、拗弯,应用符合管径的 PVC 塞头封盖管口,并用胶布绑扎牢固。

(4)线路有接头必须在接头处留暗盒扣面板,日后更换和维修都方便。

(5)在铺设 PVC 电线管时电线的总线截面积,不能超出 PVC 电线管内径的 40%。

(6)不同电压等级、不同信号的电线不能穿在一根 PVC 电线管内,以避免相互干扰。

3.2.2 电线的性能及选用

1. 电线分类

(1)塑铜线。一般是配合电线管一起使用,多用于建筑装修电气施工中的隐蔽工程,如图 3-2 所示。为区别不同的线路的零线、相线、地线,设计有不同的表面颜色,一般多以红线代表"相"线,双色线代表"地"线,蓝线代表"零"线。但由于不同场合的施工和不同的条件要求,颜色的区分也不尽相同。

(2)护套线。如图 3-3 所示,护套线是一种双层绝缘外皮的电线,可用于露在墙体

图 3-2　塑铜线

图 3-3　护套线

图 3-4　橡套线

之外的明线施工。由于它有双层护套，使它的绝缘性能和防破损性能大大提高，但是散热性能相对塑铜线有所降低，所以不提倡将多路护套线捆扎在一起使用，那样会大大降低它的散热能力，时间过长会使电线老化。

（3）橡套线。橡套线又称水线，是可以浸泡在水中使用的电线，如图 3-4 所示。它的外层是一种工业用绝缘橡胶，可以起到良好的绝缘和防水作用。

家装常用电线种类：

绝缘电线——用于一般动力线路和照明线路，例如型号为 BLV-500-25 的电线。

耐热电线——用于温度较高的场所，供交流 500V 以下、直流 1000V 以下的电工仪表、电信设备、电力及照明配线用，例如型号为 BV-105 的电线。

屏蔽电线——供交流 250V 以下的电器、仪表、电信电子设备及自动化设备屏蔽线路用，例如型号为 RVP 的铜芯塑料绝缘屏蔽软线。

2. 电线型号、名称及规格

家装常用电线型号、名称及规格见表 3-4。

表 3-4　　　　　　　　　家装常用电线型号、名称及规格

型号	名称	额定电压（V）	芯数	规格范围（mm²）
BV	铜芯聚氯乙烯绝缘电缆（电线）	300/500	1	0.5～1
		450/750	1	1.5～400
BLV	铝芯聚氯乙烯绝缘电缆（电线）	450/750	1	2.5～400
BVR	铜芯聚氯乙烯绝缘软电缆（电线）	450/750	1	2.5～70
BVV	铜芯聚氯乙烯绝缘聚氯乙烯护套圆形电缆	300/500	1	0.75～10
			2、3、4、5	1.5～35
BLVV	铝芯聚氯乙烯绝缘聚氯乙烯护套圆形电缆	300/500	1	2.5～10

型号	名称	额定电压（V）	芯数	规格范围（mm²）
BVVB	铜芯聚氯乙烯绝缘聚氯乙烯护套扁形电缆（电线）	300/500	2、3	0.75～10
BLVVB	铝芯聚氯乙烯绝缘聚氯乙烯护套平形电线	300/500	2、3	2.5～10
BV-105	铜芯耐热105℃聚氯乙烯绝缘电线	450/750	1	0.5～6
RV	铜芯聚氯乙烯绝缘连接软电缆（电线）	300/500	1	0.3～0.1
		450/450		1.5～70
RVB	铜芯聚氯乙烯绝缘平软电缆（电线）	300/300	2	0.3～1
RVS	铜芯聚氯乙烯绝缘绞软电缆（电线）	300/300	3	0.3～0.75
RV-105	铜芯耐热105℃聚氯乙烯绝缘连接软电线	450/750	1	0.5～6
RVV-105	铜芯耐热105℃聚氯乙烯绝缘和护套软电线	300/300	2、3	0.5～0.75
		300/500	2、3、4、5	0.75～2.5

注 阻燃形电线型号和阻燃标志"ZR"。

3. 电线的选择

（1）材质选用。如果装修的是旧房，原有的铝线一定要更换成铜线，因为铝线极易氧化，其接头易打火。据调查，使用铝线的电气火灾的发生率为铜线的几十倍。如果只更换开关和插座，那么会为住户今后的用电埋下安全隐患。

家装电线的基本规格：

家装中使用的电线一般为单股铜芯线，也可以选用多股铜芯线，比较方便穿线。铜芯线的截面积主要有4个规格，即1、1.5、2.5mm²和4mm²。1mm²铜芯线最大可承受5～8A电流。1.5mm²铜芯线一般用于灯具和开关线，电路中地线一般也用。2.5mm²铜芯线一般用于插座线和部分支线。4mm²铜芯线用于电路主线和空调器、电热水器等的专用线。

（2）电线截面积选择的原则：

1）按允许电压损失选择。电压损失必须在允许范围内，不能大于5％，以保证供电质量。

2）按发热条件选择。发热系数应在允许范围内，不能因过热导致绝缘损坏，影响使用寿命。

3）按机械强度选择。要保证有一定的机械强度，保证在正常使用下不会断线。

（3）电线选择的主要内容。BV绝缘电线明敷及穿管持续载流量见表3-5，BX绝缘导线明敷及穿管持续载流量见表3-6。

表3-5　　　　　　　　　　　BV绝缘电线明敷及穿管持续载流量

环境温度（℃）	30	35	40	30				35				40			
电线根数	1	1	1	2～4	5～8	9～12	>12	2～4	5～8	9～12	>12	2～4	5～8	9～12	>12
标称截面积（mm²）	明敷持续载流量（A）			电线穿管持续载流量（A）											
1.5	23	22	20	3	9	8	7	12	9	7	6	11	8	7	6

续表

标称截面积 (mm²)	明敷持续载流量 (A)			电线穿管持续载流量 (A)											
2.5	31	29	27	17	13	11	10	16	12	10	9	15	11	9	8
4	41	39	36	24	18	15	13	22	17	14	12	21	15	13	11
6	53	50	46	31	23	19	17	29	21	18	16	30	20	16	15
10	74	69	64	44	33	28	25	41	31	26	23	38	29	24	21
16	99	93	86	60	45	38	34	57	42	35	32	52	39	32	29

表 3-6　　　　　　　　BX 绝缘电线明敷及穿管持续载流量

环境温度 (℃)	30	35	40	30				35				40			
电线根数	1	1	1	2~4	5~8	9~12	>12	2~4	5~8	9~12	>12	2~4	5~8	9~12	>12
标称截面积 (mm²)	明敷持续载流量 (A)			电线穿管持续载流量 (A)											
1.5	24	22	20	13	9	8	7	12	9	7	6	11	8	7	6
2.5	31	28	26	17	13	11	10	16	12	10	9	15	11	9	8
4	41	38	35	23	17	15	13	21	16	13	12	20	15	12	11
6	53	49	45	29	22	18	16	28	21	17	15	25	19	16	15
10	73	68	62	43	32	27	24	40	40	25	22	37	27	23	20
16	98	90	83	58	44	36	33	53	55	33	30	49	37	31	28

（4）电线的截面积选择。电线的截面积选择与所在支路的开关有关，开关的电流整定值小于电线的载流量时才能起到保护作用，否则过负荷时会出现电线过热甚至绝缘破坏而开关却不跳闸，造成安全事故。

当开关的电流整定值为 16A 时，应采用截面积不小于 2.5mm² 的铜线。绝对不能随意减小电线截面积或将铜线改为同截面积的铝线，绝对不能为了不跳闸而随便将开关的电流整定值加大。

理论计算举例： 2.5mm² BVV 铜电线安全载流量的推荐值为 2.5mm² × （5～8）A/mm² ＝12.5～20A，4mm² BVV 铜电线安全载流量的推荐值为 4mm² × （5～8）A/mm² ＝20～32A。

计算铜电线截面积时，可利用铜电线安全载流量的推荐值为（5～8）A/mm²，计算出所选取铜电线截面积 S 的上下范围：

$$S \leqslant I/(5 \sim 8)$$
$$S \geqslant 0.125I \sim 0.2I$$

式中　S——铜电线截面积，mm²；

　　　I——负荷电流，A。

负荷（如白炽灯、荧光灯、电冰箱等）分为两种，一种是电阻性负荷，一种是电感性负荷。对于电阻性负荷功率的计算公式为

$$P = UI$$

对于荧光灯负荷功率的计算公式为

$$P = UI\cos\phi$$

式中，荧光灯负荷的功率因数为 0.5。

不同电感性负荷功率因数不同，统一计算家庭用电器时可以将功率因数 $\cos\phi$ 取 0.8。也就是说如果一个家庭所有用电器加上总功率为 6000W，则最大电流是

$$I = P/(U\cos\phi) = 6000/(220 \times 0.8) = 34(A)$$

但是，在一般情况下，家中的电器不可能同时使用，所以加上一个同时系数 K，K 一般 0.5。所以，上面的计算应该改写成：

$$I = PK/(U\cos\phi) = 6000 \times 0.5/(220 \times 0.8) = 17(A)$$

也就是说，这个家庭总的电流值为 17A。则总开关不能使用 16A，应该使用大于 17A 的。

⚙ 电工家装电线安全规范提示：

国家住宅设计规范中规定分支回路截面积不小于 2.5mm^2。空调器等大功率电器应单独敷设电线截面积为 4mm^2 的线路；考虑到厨房及卫生间电器种类、功率及安全性，厨房和卫生间也应单独敷设电线截面积为 4mm^2 的线路。

（5）电线颜色的选择。在国内，家庭用电绝大多数为单相进户，进每个家庭的线为三根：相线、中性线和接地线。电线颜色的相关规定见表 3-7。

表 3-7　　　　　　　　　　　　　电线颜色的相关规定

类别	颜色标志	线别	备注
一般用途电线	黄色	相线 L1 相	A 相
	绿色	相线 L2 相	B 相
	红色	相线 L3 相	C 相
	浅蓝色	零线或中性线	
保护接地（接零）	绿/黄双色	保护接地（接零）中性线（保护接零）	颜色组合 3：7
中性线（保护接零）	红色	相线	
	浅蓝色	零线	
两芯（供单相电源用）	红色	相线	
	浅蓝色（或白色）	零线	
	绿/黄色或黑色	保护接零	
三芯（供三相电源用）	黄色、绿色、红色	相线	无零线
四芯（供三相四线制电源用）	黄色、绿色、红色	相线	
	浅蓝色	零线	

家装电气施工中电线颜色的提示：

1）相线可使用黄色、绿色或红色中任一种颜色的电线，但不允许使用黑色、白色或绿/黄双色的电线。

2）零线可使用黑色电线，没有黑色电线时也可用白色电线，但零线不允许使用红色电线。

3）保护零线应使用绿/黄双色的电线，如无此种颜色电线，也可用黑色的电线。但这时零线应使用浅蓝色或白色的电线，以便两者有明显的区别。保护零线不允许使用除绿/黄双色线和黑色线以外的其他颜色的电线。

3.3 布管、布线要求及工艺

3.3.1 布管、布线前准备

1. 施工前检查及测试

（1）配电箱检查和测试。查看配电箱内的电能表、进线和出线开关，目前应用于住宅的电能表有 5（20）、5（30）A 和 10（40）A 等，按负荷功率因数为 0.85 计算，分别可带 3.7、5.6kW 和 7.5kW 负载。进线断路器的整定值决定了住户最大用电负荷，若装有上述容量的电能表，其相应进线断路器整定值分别为 20、32A 和 40A 时，才能带动上述负荷。当负荷超过时，进线断路器跳闸。同样，当断路器电流整定值为 16A 时，如果负荷超过 3kW，也会出现跳闸断电，所以不能将大容量用电负荷集中装于一条支路上。出线回路的数量也很重要，在照明、插座和空调三个支路的基础上，当住户家用电器较多时，增加厨房、电热水器等支路也是必要的。除空调器外的插座支路应装有漏电保护装置，用于住宅的漏电开关动作电流为 30mA，动作时间为 0.1s，是为了保证人身安全而设的。

检查原电路是否有漏电保护装置，电源分几个回路供电，分别是什么回路，是否有地线，电路总负荷是多少。

配电箱检测流程：

1）打开箱盖。用十字螺钉旋具（一字螺钉旋具）拧出固定配电箱箱盖的螺钉，将箱盖置于稳妥的地方，为防止螺钉丢失，宜将其拧在原来的丝扣上。

2）查看、试验。原电路总负荷是多少，进线电线的线径是多大，是三相五线制还是单相三线制，电源分几个回路，分别是什么回路，是否有地线，且地线接触是否良好，原有线路的老化程度等。

3）若原电路有漏电保护器，在通电状态下按动试验按钮，检查漏电保护器动作是否可靠，同时试验其他自动开关，看其是否灵活、正常。

4）摇测绝缘。断开总开关，用绝缘电阻表摇测各线对地电阻，以及线与线间的绝缘电阻，看各线路的绝缘是否正常。

5）装上箱盖。确认各项检测正常，装上箱盖。

（2）线路测试。住宅的电气线路一般为穿电线管暗敷设，其线路走向和畅通的状况，不能直接从外观看出，因此应对线路进行测试。电线管在暗敷设过程中被压扁或堵死，电线无法穿过，造成局部电路不通；家中插座不少，电能表容量不小，可大容量用电器一开就断电，设计中对支路虽有明确的划分，但施工中可能没有按图施工或将住户空调器、电热水器等用电量大的电器都装于同一支路；更重要的是用电安全，如果把移动电器（如电吹风、电熨斗）或潮湿场所的电器（如电热水器）接于无漏电保护的支路上，就会留下安全隐患。

2. 定位准备

要求业主提供原有强电布置图、相关电路、电器图样与资料，并认真阅读审查。以下几个方面的图样与定位相关：

（1）平面布置图。平面布置图是对功能的定位，它包括开关、插座等。

（2）天花板布置图。天花板布置图对于电工来说，主要确定灯的位置，安装在什么地方，什么样的灯，安装的高度。

（3）家具、背景立面图。一般来说，家具中酒柜、装饰柜、书柜安装灯具可能性较大，且大多数为射灯。

（4）电气设备示意图。该图的作用是对灯具、开关、电器插座进行定位。但该图仅作参考，具体定位以实际为准。

（5）橱柜图样。橱柜图样主要是立面图，它的作用是对厨房电器（如消毒柜、微波炉、抽油烟机、电冰箱等）进行定位。

结合图样与业主进行交流、沟通，询问下列电器的功率及安装位置：

1）热水器、饮水机、空调器、计算机、电视机、音响、洗衣机、餐厅电火锅、客厅或娱乐室的电热器等的位置。

2）楼上、楼下、卧室、过道等灯具是否双控或多点控制。

3）对顶面、墙面以及柜内的灯具的位置、控制方式和业主进行沟通。

（6）电工电料及辅助材料计划见表3-8。根据施工图编制开关、插座及辅料计划，灯具计划应和业主充分沟通，如有特殊情况应充分说明。开关、插座及辅料计划见表3-9。

表 3-8 　　　　　　　　　　　电工材料及辅助材料计划表

材料	数量及规格	品牌	相关说明
1.5mm² 线	红色/圈/m		
	蓝色/圈/m		
	黄色/圈/m		
	绿色/圈/m		
	黑色/圈/m		

材料	数量及规格	品牌	相关说明
2.5mm² 线	红色/圈/m		
	蓝色/圈/m		
	双色/圈/m		
4mm² 线	红色/圈/m		
	蓝色/圈/m		
	双色/圈/m		
6mm² 线	红色/圈/m		
	蓝色/圈/m		
	双色/圈/m		
φ16 直通	个		
φ20 直通	个		
φ16 锁扣	个		
φ20 锁扣	个		
φ16 线卡	个		
φ20 线卡	个		
φ16 三通底盒	个		
φ20 三通底盒	个		
φ16 四通底盒	个		
φ20 四通底盒	个		
φ16 阻燃冷弯电线管	m		
φ20 阻燃冷弯电线管	m		
φ6 黄蜡套管	根		
φ8 黄蜡套管	根		
φ10 黄蜡套管	根		
φ12 黄蜡套管	根		
绝缘布胶带	圈		
防水胶带	圈		
单联底盒	个		
双联底盒	个		
明装底盒	个		
底盒	个		

表 3-9   开关、插座及辅料计划表

名称	数量	型号及规格	名称	数量	型号及规格
单联开关	个		多点控制开关	个	
双联开关	个		五孔插座	个	
三联开关	个		单开五孔插座	个	
单联双控开关	个		空调插座	个	
双联双控开关	个		86 盖板	个	
三联双控开关	个		146 盖板	个	

续表

名称	数量	型号及规格	名称	数量	型号及规格
塑料膨胀管	个	$\phi6mm$	膨胀螺钉	个	$\phi6mm\times5cm$
塑料膨胀管	个	$\phi8mm$	膨胀螺钉	个	$\phi12mm\times8cm$
开关面板螺钉	个	$\phi4mm\times4.5cm$	膨胀螺钉	个	$\phi14mm\times8cm$
自攻螺钉	个	$\phi4mm\times4cm$			

3.3.2　布线方式及定位

1. 布线方式

（1）顶棚布线。布线主要走棚顶上，这种布线方式最有利于保护电线，是最方便施工的方式。电线管主要隐蔽在装饰面材或者天花板中，不必承受压力，不用打槽，布线速度快。

 缺点： 就是家中需要走线的地方需要有天花板或者装饰面材才能实现这种布线方式。

（2）墙壁布线。布线主要走墙壁内，这种布线方式的优点是电线管本身不需要承重，它的承重点在管子后面的水泥上。

缺点： 一是线路较长；二是墙壁上有大量的区域以后不能钉东西；三是如果水泥工和漆工不能处理好墙面的开槽处，那么将来有槽的地方一定会出现裂纹。这种布线方式主要作为顶上和地上的补充。

（3）地面布线。布线主要走地上，这种布线方式的缺点是，必须使用较为优良的穿电线管，因为地上的穿电线管将要承受人体和家具的重量（管子表面上那层水泥并不能完全承重，因为它不完全是一个拱桥的形式，管子其实和水泥是一体的，所以必须自身要承担一定重量）。

优点： 对于家庭装修的环境没有特殊要求，不需要天花板和装饰面材。

2. 定位

（1）精准、全面、一次到位。

（2）厨房线路定位应全面参照橱柜图样，整体浴室的定位应结合浴室设备完成。

（3）电视机插座及相关定位，应考虑电视机柜的高度，以及业主所有电视机的类型。

（4）客厅花灯的灯泡数量较多，应询问业主是否采取分组控制。

（5）空调器定位时，应考虑是单相还是三相。

（6）热水器定位时，一定要明确所采用的具体类型。

定位协商： 询问业主床头开关插座是装在床头柜上、柜边还是柜后；询问业主是否有音响，如有，则明确音响的类型、安装方位，是前置、中置还是后置，是壁挂还是落地以及是否由厂家布线等。确定线路终端插座、开关、面板的位置，在墙面标画出准确的位置和尺寸。

用彩色粉笔（不用红色）记录时，字迹要清晰、醒目，文字必须写在不开槽的地方，粉笔颜色应一致。

施工图现场定位经验指导：

根据施工图或与业主确定的布线方案要求，确定盒、箱轴线位置，以土建标出的水平线为基准，标出盒箱的实际安装位置。若没有施工图，则根据草拟的布线图画线。确定线路终端插座、开关、面板的位置，在墙面标画出准确的位置和尺寸。

电气线路与煤气管、热水管间距宜大于 500mm，与其他管路宜大于 100mm。同一房间的开关插座如无特殊要求，应安装在同一标高，同一地方的成排开关插座顶标高相同。为了便于施工穿线，电线管应尽量沿最短线路敷设，并减少弯曲。当电线管敷设长度超过有关规定时，应在线路中间装设分支底盒。电源插座底边距地面宜为 300mm，平开关板底边距地面宜为 1300mm，同一室内的插座面板应在同一水平标高上，高差应小于 5mm。

3.3.3　开槽技术要求及工艺

1. 开槽技术要求

（1）确定开槽路线。确定开槽路线应根据以下原则：

1）路线最短原则。

2）不破坏原有电线管原则。

3）不破坏防水原则。

（2）确定开槽宽度。根据电线根数、规格确定 PVC 电线管的型号、规格及根数，进而确定槽的宽度。

（3）确定开槽深度。若选用 ϕ16mm 的 PVC 电线管，则开槽深度为 20mm；若选用 ϕ20mm 的 PVC 电线管，则开槽深度为 25mm。

（4）线槽测量及外观要求。

1）线槽测量：暗盒、槽独立计算，所以线槽按开槽起点到线槽终点测量。如果放两根电线管，应按两倍以上来计算开槽宽度。

2）线槽外观要求：横平竖直，大小均匀。

2. 开槽工具及工艺流程

（1）开槽工具与器材准备。

随用工具： 手锤、尖錾子、扁錾子、电锤、切割机、开凿机、墨斗、卷尺、水平尺、平水管、铅笔、灰铲、灰桶、水桶、手套、防尘罩、风帽、垃圾袋等。

（2）开槽工艺流程。

1）弹线。首先要根据用电器及控制电器位置进行线路定位。

定位电器： 开关位置、插座位置、灯具位置等，再根据线路走向弹墨线，所弹线必须横平竖直且清晰，如图3-5所示。根据所注明的回路选择电线及电线管，计算出开槽的宽度和深度，所开槽必须横平竖直，强电与弱电开槽距离必须≥500mm。

图3-5 电线管开槽图

2）开槽。

开槽操作： 可直接用凿子凿，也可用切割机、开凿机、电锤。用切割机、开槽机切到相应深度，然后用电锤或用锤子修凿到相应深度，允许把边凿毛。开槽深度应一致，一般槽深为PVC电线管直径+10mm。

3）清理。确认所开线槽完毕后，要及时清理，清理时应洒水防尘。

开槽相关标准和要求提示：

1）所开线槽必须横平竖直。

2）砖墙开槽深度为电线管径+12mm。

3）同一槽内有两根以上电线管时，电线管与电线管之间必须有≥15mm的间缝。

4）顶棚是空心板的，严禁横向开槽。

5）混凝土上不宜开槽，若开槽不能伤及钢筋结构。

6）开槽应遵循就近及开槽原则。

7）开槽次序宜先地面后顶面，再墙面；同一房间、同一线路宜一次开到位。

开槽打洞时应避免用力过猛，造成洞口或槽剔得过大、过宽，以免造成墙壁面周围破碎，甚至影响土建结构质量。沙灰墙体走线时，一定要用开槽机开槽，否则线槽周围由于电锤的振动，易产生空鼓、开裂等问题。墙立面的开槽要求用切割机将建筑物表面的抹灰层，按照略大于布管的直径切割线槽（严禁将承重墙体和受力钢筋切断以及在墙上横向开槽）。墙槽高度应根据用电设备而定，开槽时不要把原电线管破坏，所有线路开槽横平竖直，电线管敷设低于墙面 5mm。

（3）开槽规范工艺。

1）根据定位和线路走向弹好线后，用切割机沿着弹线双面切割，槽的深度要和管材的直径匹配，不允许开横槽，因为会影响墙的承受力。

2）在开槽时尽量避免影响槽边的墙面，以免造成空鼓，留下隐患。

3）沿走向线凿去砂浆层与砖角以形成线槽。为避免崩裂，以多次斜凿加深为宜。混凝土结构部位开槽时，开槽深度以可埋下 PVC 电线管为标准，深度不易过深，以免切断结构层的钢筋，对结构层强度造成破坏。

4）开槽时在 90°角的地方应切去内角，以便电线管铺设。

5）线槽尽可能保持宽度一致，转弯处应以圆弧连接。

6）在槽底以冲击钻钻孔，以便敲入木橛，以固定电线管，木橛顶部应与槽底平齐。

不规范的开槽施工，通常不使用切割机切割（甚至不用弹线），直接在墙面凿槽。这样施工，容易造成槽边的墙面松动和空鼓，会导致槽面破损度加大，增加封槽的难度。在混凝土墙面（剪力墙）开槽时不考虑深度，会对结构层强度产生影响。

开槽工艺须知：

1）槽不要开得过深、过宽，影响墙体的强度。槽的深度只要达到电线保护管与墙砖面齐平即可。

2）家庭装潢时，砖墙上通常已有水泥砂浆抹面。在采用 PVC 电线管时，电线管埋入后应用强度不小于 M10 的水泥砂浆抹面保护，其目的是防止在墙面上钉入铁钉等物件时，损坏墙内的电线保护管。在砖墙内敷设管子时应注意不要过分损伤墙的强度，尤其是三孔砖。

3.3.4 预埋底盒要求及工艺

1. 底盒预埋工具及工艺流程

随用工具： 卷尺、水平尺、平水管、铅笔、钢丝钳、小平头烫子、灰铲、灰桶、水桶、手套、底盒、锁扣、水泥、沙子等。

工艺流程: 弹线、定位→底盒安装前的处理→湿水→底盒的稳固→清理。

（1）弹线、定位。以开关的高度为基准,在装底盒的每个墙面弹一水平线,以该水平线为基准,向上或下确定插座、开关等高度。

 弹线、定位操作经验指导: 根据图样上开关、插座的具体位置,用事先准备好的插座外盒框画出一个大致的框架,这个工具对定位的整齐很有帮助。测量垂直方向上的电线管的走向距离墙边的距离。在墙角测出同样宽度的位置。

 底盒预埋施工提示:

1）画框线。根据需要在墙面的合适处画出预埋位置,并比照底盒大小（四周放大2～3mm）,画出开凿范围框线（两个装盖孔应保持水平）。

2）凿框线。以平口凿沿框线垂直凿出深沟,然后从框内向框外斜凿去砖角,反复进行,并注意不得崩裂框线。

3）凿穴孔。将框内多余砖角凿去,直至深度略大于底盒高度,不得过浅或过深。

4）修整穴孔。凿平穴孔四周与穴底,应大于底盒的外形尺寸,以放入底盒端正、适合为宜。对于装在护墙板内的底盒,其盒口应靠近护墙板,便于面板固定。

（2）底盒安装前处理。将对应的敲落孔敲去,并装上锁扣;底盒后面的小孔,必须用纸团堵住。装正底盒,敲去安装孔盖,对准线槽,并使装盖面稍稍伸出砖砌面,且低于粉刷面3～5mm。

（3）湿水。用水将安装底盒的洞湿透,并将洞中杂物清理干净。

（4）底盒的稳固。

 稳固施工经验指导: 用1:3水泥砂浆将底盒稳入洞中,并确保其平正,且与墙面相平。调整位置后,在底盒的周围填上混凝土,待混凝土完全干固后,方可布管。对于预埋盒应先注入适量的水泥浆,再用线锤找正坐标再固定稳埋,然后用水泥砂浆将盒周围的缝隙填实。暗装盒口应与墙面平齐,不出现凹凸墙面的现象。预留的暗盒贴面与墙面的缝隙应用水泥砂浆将盒四周填实抹平,盒子收口平整。若墙厚度较薄,盒底厚度与墙厚度相差无几,盒底抹灰处开裂,在盒底处加金属网固定后,再抹灰找平齐。

（5）清理。将刚稳固的底盒及锁扣里的水泥砂浆及时清理干净。

2. 底盒安装

（1）进门开关底盒边距地面 1.2～1.4m，侧边距门套线必须≥70mm，距门口边为 150～200mm，开关不得置于单扇门后，并列安装相同型号开关距水平地面高度相差≤1mm，特殊位置（床头开关等）的开关应按业主要求进行安装，同一水平线的开关≤5mm。开关、插座应采用专用底盒，四周不应有空隙，盖板必须端正、牢固。

图 3-6　连体底盒安装

（2）底盒安装时，开口面必须与墙面平整牢固且方正，不凸出墙面，如图 3-6 所示。底盒安装好以后，必须用钉子或者水泥砂浆固定在墙内。

（3）在贴瓷砖的地方，应尽量装在瓷砖正中，不得装在腰线和花砖上，一个底盒不能装在两块、四块瓷砖上。

（4）并列安装的底盒与底盒之间，应留有缝隙，一般情况为 4～5mm。底盒必须平面垂直，同一室内底盒必须安装在同一水平线上。

（5）开关、插座要避开造型墙面，非要不可的尽量安装在不显眼的地方。底盒尽量不要装在混凝土上，非要不可的地方，若遇到钢筋，标准型底盒装不进，则必须将底盒锯掉一部分或明装。

（6）如底盒装在石膏板上，则需用至少两根 20mm×40mm 木方，将其稳固于龙骨架上。

（7）地面插座盒预埋时应将盒口高出毛地坪 1.5～2cm，以便于后期施工时依靠地插座本身可调余量与地面找平。

（8）为使底盒的位置正确，应该先固定底盒再布管。

3. 底盒安装常见的缺陷

（1）底盒安装标高不一致，底盒开孔不整齐，安装电器后底盒内脏物未清除。

（2）预埋的底盒有歪斜。

（3）暗底盒有凹进、凸出墙面现象。

（4）底盒破口，坐标超出允许偏差值。

以上缺陷产生的原因有：安装底盒时未参照土建施工预放的统一水平线控制标高，施工时未计划好进入底盒电线管的数量及方向，安装电器时没有清除残存底盒内的脏污和灰砂。

⚙ 底盒缺陷处理经验指导：

（1）严格按照室内地面标高确定底盒标高。对于预埋底盒应先用线坠找正，坐标正确再固定；暗装底盒口应与墙面平齐，不出现凹凸墙面的现象。

（2）用水泥砂浆将底盒底部四周填实抹平，底盒收口应平整。

（3）穿线前，先将底盒内灰渣清除，以保证底盒内干净。

（4）穿线后，用接线盒的盒盖将盒子临时盖好，盒盖周边要小于开关面板或灯具底座，但应大于盒子，待土建装修面完成后，再拆除盒盖安装电器、灯具，这样可以保持盒内干净。

3.3.5　布管技术要求及工艺

1. 布管技术要求

在家装电气施工中，不允许将塑料绝缘电线直接埋在水泥或石灰粉层内做暗线敷设。因埋在水泥或石灰粉层内的电线绝缘层易损坏，造成大面积漏电，危及人身安全。家装电气配线应采用硬质阻燃 PVC 电线管。

　实用举例： 直径 20mm 的 PVC 电线管只能穿 $1.5mm^2$ 截面积电线 5 根，$2.5mm^2$ 截面积电线 4 根。电线与燃气管道距离不能超过标准规定的允许范围；按照标准规定在布管的每个施工阶段结束后，都要进行质量验收，并应作好验收记录。

　布管经验提示：

PVC 电线管不应有折扁、裂缝，管内无杂物，切断口应平整，管口应刮光。PVC 电线管的连接采用胶水粘接，牢固严密，并在管口塞上 PVC 电线管塞，防止杂物进入管内。布管时要注意每根电缆管弯头不宜超过 3 个，直角弯不宜超过 2 个。管路超过一定长度，应加装底盒，其底盒位置应便于穿线。布管要尽量减少转弯，沿最短路径，需综合考虑确定合理管路敷设部位和走向，确定盒箱的正确位置。

2. 管径选择

电线保护管的管径选择依据是管内电线（包括绝缘层）的总截面积不应大于管内截面积的 40％。BV 塑铜线穿 PVC 电线管时的管径选择见表 3-10。

表 3-10　　　　　　　　　　　BV 塑铜线穿 PVC 电线管时的管径选择

管径（mm）		电线截面积（mm^2）					
		1	1.5	2.5	4	6	10
电线根数	2	16	16	16	16	16	20
	3	16	16	16	16	16	25
	4	16	16	16	20	20	25
	5	16	16	16	20	20	32
	6	16	16	20	20	25	32
	7	16	16	20	20	25	32
	8	16	20	20	25	25	32
	9	16	20	20	25	25	40
	10	16	20	20	25	32	40
	11	16	20	20	25	32	40
	12	16	20	20	25	32	40

3. 布管工具及工艺流程

（1）布管工具。应准备的布管工具和器材有钢丝钳、电工刀（墙纸刀）、弯管器、剪切器、锤子、阻燃冷弯电线槽管、电线、线卡、电线管、黄蜡套管、人字梯等。

（2）工艺流程。

1）加工管弯。预制管弯可采用冷煨法和热煨法。阻燃电线管敷设与煨弯对环境温度的要求如下：阻燃电线管及其配件的敷设、安装和煨弯制作，均应在原材料规定的允许环境温度下进行，其温度不宜低于-15℃。

加工管弯经验指导：①冷煨法：管径在25mm及其以下可以用冷煨法。弯管前，管内应穿入弯管弹簧，弯管弹簧有四种规格：16、20、25、32mm，分别适用于相应的电线管弯管用。弯管弹簧内穿入一根绳子，绳子与弹簧两端的圆环打结连接后留有一定的长度，用绳子牵动弹簧，使其在电线管内移动到需要弯曲的位置。弯曲时用膝盖顶住电线管需弯曲处，用双手握住电线管的两端，慢慢使其弯曲，如果速度过快，易损坏管子及其电线管内的弹簧。弯曲后，一边拉露在管子外拴弹簧的绳子，一边按递时针方向转动电线管，将弹簧拉出。弹簧出现松股后不能使用，否则在电线管的弯曲处会出现折皱。当弯曲较长的管子时，可将弯管弹簧用镀锌铁丝拴牢，以便拉出弯管弹簧。

②热煨法：用电炉、热风机等加热均匀，烘烤电线管弯处，待管子被加热到可随意弯曲时，立即将管子放在木板上，固定管子一头，逐步煨出所需管弯度并用湿布抹擦使弯曲部位冷却定型。然后抽出弯管弹簧。不得使电线管出现烤伤、变色、破裂等现象。采用与管径不匹配的弯管器进行弯管，会导致管体变形、起皱、弯曲不自然，造成电线无法抽动，难以更换；不规范的弯管施工将导致电线管煨弯处变形、起皱。

2）布管。

布管操作经验提示：

电线管切割宜用专用剪刀，亦可用钢锯锯断。PVC电线管厂提供的剪刀，可以切割16~40mm的圆管。用剪刀切割管子时，先打开手柄，把管子放入刀口内，握紧手柄，棘轮锁住刀口；松开手柄后再握紧，直到管子被切断。用专用剪刀切割管子，管口光滑。若用钢锯切割，管口处应加以光洁处理后再进行下一道工序。小管径可使用剪管器，大管径可使用钢锯断管，断口应挫平、铣光。当直线段长度超过15m或转弯超过3个时，必须增设底盒。

布管操作指导：暗管在墙体内严禁交叉，严禁未有接线盒跳槽，严禁走斜道。在布线布管时，同一槽内电线管如超过2根，管与管之间要留≥15mm的间缝。

3）固定。布管完毕，用线卡将其固定，如图3-7所示。

图3-7　电线布管完工效果图

4）接头。管与管、管与箱（盒）连接。

⚙️ **接头连接经验提示：**

① 管与管之间采用套管连接，套管长度宜为管外径的1.5～3倍，管与管的对口应位于套管中心。

② 管与器件连接时，插入深度为2cm；管与底盒连接时，必须在管口套锁扣。

③ 盒、箱孔应整齐并与管径相吻合，管与盒箱的连接一般采用锁扣连接。进入配电箱、接线箱盒的电线管路，应排列整齐（一管一孔），插入与管外径相匹配的箱盒的敲落孔内，管线要与箱盒壁垂直，再在箱盒内的管端采用锁扣固定，多根管线同时入箱盒时注意入盒箱部分的管端长度一致，管口平齐。

规范的底盒与电线管连接如图3-8所示，电线管与底盒接头时必须采用锁扣，其目的是起到电线管与底盒固定的作用，在穿线时不容易造成挪位，同时也避免了对电线绝缘层的损伤。

⚙️ **安全提示：** 底盒与电线管接头不规范施工，电线管与底盒连接时不采用锁扣，容易造成错位。由于电线管的断截面比较锋利，穿线时容易划伤电线绝缘层。

5）整理。电线管的管口、管子连接处均应作密封处理，槽内的电线管离表面的净距离不应小于15mm。电线管和箱盒连接后，应使箱盒端正、牢固。

（3）PVC电线管的保护。在地面敷设的电线管施工完毕后，应在PVC电线管两侧放置木方，或用水泥砂浆制成护坡，以防止PVC电线管在施工中因工人来回走动而被踩破。

图3-8　底盒与电线管连接

PVC 电线管线敷设常见的缺陷原因：

1）接口不严是因为接口处未加套。

2）电线管接口做得太短，又未涂黏合剂。

3）PVC 电线管煨弯时未加热或加热不均匀，造成电线管扁、凹、裂现象。

4）固定电线管的线卡间距过大，开槽未达到要求的深度或管径选择过大。

 预防处理措施：

1）购置 PVC 电线管时，必须同时购置相应的接头等附件，以及适应不同管径的冷弯弹簧，以备煨弯时使用。

2）管与管连接一定要用接头并涂黏合剂，管与盒连接应用螺接并涂黏合剂。

3）煨弯时，使用与管径匹配的冷弯弹簧，必要时可将煨弯处局部均匀加热，均匀用力，弯成所需弧度，以防出现扁、凹、裂现象。

4）长距离的电线管尽量用整管；电线管如果需要连接，要用接头，接头和管要用胶粘好。当布线长度超过 15m 或中间有 3 个弯曲时，在中间应该加装一个底盒，否则在穿线或拆线时，因太长或弯曲多，使穿线或拆线困难。

5）按标准要求的间距用线卡固定电线管，选择电线管的管径应规范，并应根据电线管的管径进行开槽。

3.3.6 电线管穿带线及穿电线工艺

1. 电线管穿带线工艺

（1）穿带线前应检查管路是否畅通，管路的走向及盒、箱的位置是否符合设计及施工图的要求；带线采用直径 $\phi 1.2 \sim \phi 2.0$ mm 镀锌铁丝或钢丝，带线应顺直无背扣、扭结等现象，并有相应的机械拉力。

管内穿带线操作指导：

先将钢丝的一端弯成不封口的圆圈，以防止在管内遇到管接头时被卡住，再利用穿线器将带线穿入管路内，在管路的两端应留有 200～250mm 的余量。当穿带线受阻时，可用两根钢丝分别穿入管路的两端，可采取两头对穿的方法。具体做法是一人转动一根钢丝，感觉两钢丝相碰时则反向转动，待绞合在一起，则一拉一送，将带线拉出。当管路较长和转弯处较多时，可在敷设管路前穿好带线，并留有 20cm 的余量后，将两端的带线盘入盒内或缠绕在管头上固定好，防止被其他人员随便拉出。

（2）清扫管路。清扫管路的目的是清除管路中的灰尘、泥水等杂物。

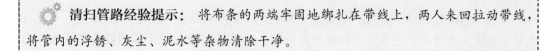

> **清扫管路经验提示：** 将布条的两端牢固地绑扎在带线上，两人来回拉动带线，将管内的浮锈、灰尘、泥水等杂物清除干净。

（3）电线管带护口。在电线管清扫后，根据电线管的直径选择相应规格的护口，将护口套入管口上。在电线管穿线前，检查各个管口的护口是否齐全，如有遗漏或破损均应补齐或更换。

2. 电线管穿电线工艺

（1）对电线的材料要求。电线的规格、型号必须符合设计要求，并应有出厂合格证、"CCC"认证标志和认证证书复印件及生产许可证。电线进场时要检验其规格、型号、外观质量及电线上的标识，并用卡尺检验电线直径是否符合国家标准。配线的布置及其电线型号、规格应符合设计规定。

> **管路穿电线经验提示：** 在配线工程施工中，当无设计规定时，电线最小截面积应满足机械强度的要求。所用电线的额定电压应大于敷设线路的工作电压，电线的绝缘应符合线路的安装方式和敷设环境条件。低压电线的线间和线对地间的绝缘电阻值必须大于 $0.5M\Omega$。

（2）电线与带线的绑扎。当电线根数为 2～3 根时，可将电线前端的绝缘层剥去，然后将线芯直接与带线绑回头压实绑扎牢固，使绑扎处形成一个平滑的锥体过渡部位。

> **管路穿电线绑扎经验提示：** 当电线根数较多或电线截面积较大时，可将电线前端绝缘层削去，然后将线芯斜错排列在带线上，用绑线缠绕绑扎牢固，使绑扎接头处形成一个平滑的锥体过渡部位，以便于穿线。

（3）穿线及断线。

1）放线。放线前应根据设计图对电线的规格、型号进行核对，放线时电线应置于放线架或放线车上，不能将电线在地上随意拖拉，更不能野蛮使力，以防损坏绝缘层或拉断线芯。穿线需要两个人各在一端，一人慢慢地抽拉带线钢丝，另一人将电线慢慢地送入管内。

> **放线操作指导：** 如管线较长，弯头太多，应按规定设置底盒，但不可用油脂或石墨粉作为润滑剂，以防渗入线芯，造成电线短路。

2）断线。剪断电线时，电线的预留长度按以下情况予以考虑：底盒、开关盒、插座盒及灯头盒内电线的预留长度大于 150mm 且小于 250mm；配电箱内电线的预留长度为配电箱箱体周长的 1/2；干线在分支处，可不剪断电线而直接作分支接头，应根据实际长度留线。

3）穿线要求。电线管中的电线应一次穿入，穿入电线管内的电线应分色。为了保证安全和施工方便，在电线管出口处至配电箱、盘总开关的一段干线回路及各用电支路应按色标要求分色。

穿线须知：

① 管内配线必须按设计要求，选用相应的线径及配线的根数。不同回路、不同电压、交流与直流回路的电线不得穿入同一根管子内，但下列几种情况或设计有特殊规定的除外：照明花灯的所有回路，同类照明的几个回路，可穿于同一根管内，但管内电线总数不应多于8根。

② 电线在管内不得有接头和扭结，其接头应在接续底盒内连接。

③ 管内电线包括绝缘层在内的总截面积不应大于管子内空截面积的40%。

④ 管口处应装设护口保护电线。

电线颜色提示： L1相为黄色，L2相为绿色，L3相为红色，N（中性线）为淡蓝色，PE（保护线）为绿/黄双色。

凡进入底盒以及开关箱的线，线头均需用绝缘胶布缠好，用 $\phi16mm$ 的电线管卷圈，整齐地卷放入盒内。为了减少由于电线接头质量不好引起各种电气事故，电线敷设时，应尽量避免电线管内有接头，接头应在底盒（箱）内。为了防止火灾和触电等事故发生，在顶棚内由底盒引向器具的绝缘电线，应采用可挠金属电线保护管或金属软管等保护，电线不应有裸露部分。

接线经验指导：

① 套管接线。先剪一段长3～4cm的热收缩管套在待接线的一端，将待接线头分别剥去4～5cm，接好线头。

② 焊锡。用50W电烙铁将线头焊牢（用带松香芯的细焊锡丝），使其充分吸锡。

③ 加热收缩管。套上热收缩管，用电烙铁直接加热使其收缩。

3.3.7 封槽工艺

1. 封槽工具及工艺流程

封槽工具及材料：水平头烫子、木烫子、灰桶、灰铲、水泥、中砂、细砂、801胶等。

封槽工艺流程：调制水泥砂浆→湿水→封槽。

2. 规范封槽施工

补槽之前的核对：电气施工图，确认布管、布线正确，并和业主进行隐蔽工程验收，并要求业主签字、认可。

（1）补槽前必须确定电线管固定牢固，对松动的电线管必须使其稳固。

（2）补槽前在槽内喷洒一定量的水，必须将所封槽之处用水湿透，让槽内结构层充分吸收。

（3）用于墙面补槽的水泥砂浆比为 1∶3，随后用水泥砂浆抹平，用搓板搓光。

（4）顶棚的补槽，用 801 胶和水泥，并在其间掺入 30％的细砂。

（5）补槽不能凸出墙面，也不能低于墙面 1～2mm；封槽的水泥，应略低于原墙面，以便添加石膏粉找平（砂浆中有一定的水分，挥发后会有所收缩，用石膏粉找平避免以后线槽处开裂）。槽宽 10cm 必须钉钢丝网。

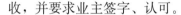 **不规范封槽施工提示：** 通常是在封槽时不喷洒水，直接用水泥砂浆封槽（由于水泥砂浆凝固需要一定的时间，若槽内未喷水，会导致水泥没达到凝固时其水分让槽内的结构层吸干，导致封槽水泥强度不够、易开裂松动甚至脱落）。封槽时，没有考虑槽面收光（未用搓板搓光），由于槽面高低不平，给后期墙面修复带来了一定难度。

第4章

智能家居系统总线接口

主要内容：智能家居系统分有线系统和无线系统，本章主要以典型的"科力屋智能家居系统"为例介绍其系统总线接口。

4.1 概　述

在安装智能家居系统前，必须仔细阅读所选择型号的《智能家居系统安装手册》。智能家居系统在安装之前，务必先断开室内电源，以免发生触电事故或造成产品损坏。

例如：如果选用科力屋智能家居系统的产品，安装虽然比较简便，但是为了少走弯路，还是需要了解系统结构组成和线路连接方式。图 4-1 所示为典型科力屋智能家居系统组成和线路连接方式。

科力屋智能家居系统属于布线型家居系统，通信总线采用一根八芯（$4 \times 2 \times 0.5\text{mm}^2$）的标准宽带通信双绞线（总共四对双绞线）。智能产品采用水晶头插接的方式与通信总线连接，总线水晶头按相同的标准宽带网线（568B 方式）排列线序制作。

提示：系统通信只用到其中的两对双绞线：一对传输 12V 交流电源，另一对传输信号（分别对应 8P8C 水晶头的 4、5、7、8 号引脚）。

1. 系统总线连接注意事项

（1）系统电源（墙装式）与总线分接器之间，以及总线分接器与另一总线分接器之间要采用端子连接，一定要保证端子号的对应，如系统电源端子的"H、L、OUT（＋、－）"要分别接到总线分接器端子的"H、L、AC（＋、－）"；如果采用的是电源 & 总线分接器模块，则系统电源与总线分接器已合为一体（两者之间不再需要外部连线）。

（2）总线分接器与智能产品之间采用水晶头连接，但要保证每个水晶头的制作方法一样。

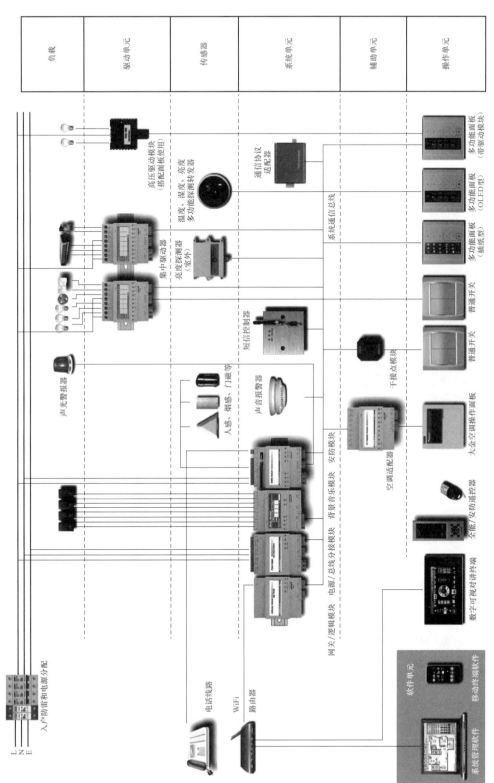

负载	驱动单元	传感器	系统单元	辅助单元	操作单元

图4-1　科力屋智能家具系统结构组成和线路连接方式

（3）系统总线的分接如果不采用总线分接器，除了保证接入产品的每个水晶头的制作方法一样外，还要求总线的分接处要保证每根线对应并接且保证线间绝缘。

2. 功能和布线方案

用户的功能需求在订购产品前就已经确定，关键是布线方案在布线前必须明确。主要注意如下几点：

（1）220V交流电源的走线跟常规相同；对于别墅或多楼层结构的房子，需安装两个或多个系统电源（若照明电源存在三相混杂，必须安装多个系统电源）。

（2）通信总线的走线原则是从系统电源到总线分接器，再分接到每个智能产品；系统电源到总线分接器或两个总线分接器之间的通信主干线最好采用 $0.8\sim1mm^2$ 的四芯电缆，或采用四对八芯双绞线，每对并接解决。

（3）音视频和音视频共享系统的布线：音视频交换机的音视频输出线通过埋墙安装的音视频接线盒集中接线，再从音视频接线盒敷设音频输出线和视频线到每个房间的音箱/喇叭和视频插座。

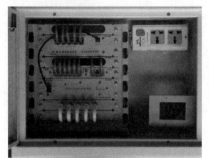

图 4-2　弱电箱

（4）用户要选购弱电箱，把电源总线分接器模块、电脑网络控制器模块、电话远程控制器模块、日程管理器模块、传感器接口模块等集中放置于弱电箱内，这非常方便系统的布线和日后的维护，如图 4-2 所示；另外，如果弱电箱有富余空间，还可以考虑闭路电视线、电话线、宽带数据线等进线到弱电箱，再由弱电箱分配到各个房间的墙上相应插座处。

3. 布线、预埋和线路校验

线路布线通常采用暗埋方式，通信总线布线要求与强电分离。

安装提示： 科力屋绝大部分产品安装要求的预埋盒有两种标准规格，一种是 86×86 底盒，另一种是 146×86 底盒，预埋盒要求底深为 45mm，安装要求横平竖直，盒口与墙面齐平，盒口安装高度要求不得突出墙面。

对于弱电箱和音视频接线盒，应参考其实际尺寸开挖墙面。线路敷设完成后，首先需要进行线路校验，避免线路出现中间断路或短路现象。

4. 安装接线注意事项

（1）强电接线前必须先断电，并严禁强电触碰总线水晶头导致产品损坏。

（2）智能开关的负载接线方法和传统开关相同。

（3）通信总线采用 $4\times2\times0.5mm^2$ 的 8 芯宽带通信双绞线。智能产品采用水晶头插接的方式与通信总线连接，总线水晶头按相同的标准宽带网线（568B）排列线序制作。

> **安装提示：** 如需接入第三方传感器（如门磁、燃气传感器等）要订购带传感器接口的智能开关，因为第三方传感器不能直接与通信总线连接，而需通过智能开关的 6P4C（RJ11）传感器接口接入系统。第三方传感器也可以通过集中布线的方式通过传感器接口模块接入科力屋系统。

（4）智能转发器安装在家电的对面或斜对面（最好离地面应有 2m 左右，或与智能开关位置持平），或者采用吸顶式安装。

（5）可调灯（如白炽灯）宜采用可控硅型的智能开关控制，不可调灯（如荧光灯、节能灯）必须选用继电器型智能开关控制。

（6）集中驱动器请在强电箱中卡轨安装，方便日后的维护。

（7）对于安装底盒采用国家标准的 86×86 底盒或 86×146 底盒，要求深度不小于 45mm。

（8）科力屋的调光模块仅适合对灯丝额定电压为交流 220V 的白炽灯进行调光，不能对荧光灯或节能灯等灯具调光，同时也不能对采用电子变压器降压的灯具（如灯丝电压为 12V 的射灯或筒灯）进行调光，但可以对灯丝额定电压为交流 220V 的射灯或筒灯进行调光。

（9）射灯选型。根据射灯灯丝电压区分共有交流 220V 和 12V 两种规格，其中灯丝电压为交流 12V 的射灯大多通过电子降压方式供电，不能用于调光，否则极易损坏电子降压器。如要调光，需要采用灯丝电压为交流 220V 的射灯。

> **安装提示：** 灯具上若配有电子式切换开关的一定要拆除，因为使用智能开关控制就能达到完美的控制效果；除此之外，由于容量、散热和质量因素，灯具自带的电子装置极易造成故障。

4.2　系统总线接口定义与水晶头的制作

4.2.1　系统总线接口定义

1. CRMBUS 系统总线接口定义

科力屋智能产品与系统总线的连接有两种方式：一种是 8P8C 水晶头插接的方式，另外一种是直接端子接线的方式。

对于采用 8P8C 水晶头插接的总线连接方式，RJ45 插座与 8P8C 水晶头示意图如图 4-3 所示。

对于采用直接端子接线的总线连接方式，总线水晶头与总线接线端子的线序对应关系如图 4-4 所示。

RJ45 引脚定义见表 4-1。

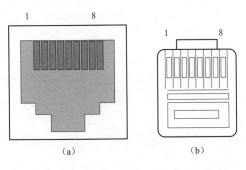

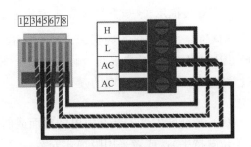

图 4-3　RJ45 插座与 8P8C 水晶头示意图

(a) RJ45 插座；(b) 8P8C 水晶头

图 4-4　总线水晶头与总线接线
端子的线序对应关系

表 4-1　　　　　　　　　　　　　　**RJ45 引脚定义**

RJ45 引脚号（线序颜色）	CRMBUS 定义	定义描述	RJ45 引脚号（线序颜色）	CRMBUS 定义	定义描述
1（橙白）	NC	未定义，预留	5（蓝白）	AC＋	系统交流电源 AC＋输入端
2（橙）	NC	未定义，预留	6（绿）	AC＋	系统交流电源 AC＋输入端
3（绿白）	AC－	系统交流电源 AC-输入端	7（棕白）	L	通信口 L 端
4（蓝）	AC－	系统交流电源 AC-输入端	8（棕）	H	通信口 H 端

注　RJ45 引脚 4、5 为交流 12V 电源输入端（采用双线供电模式：3、4 号线即绿白线、蓝线为电源 AC－，5、6 号线即蓝白线、绿线为电源 AC＋）。RJ45 引脚 7、8 为 CRMBUS 通信信号线（7 号线即棕白线为信号 L 端，8 号线即棕线为信号 H 端），应按要求接线。虽然 7、8 接反不会造成智能产品损坏，但是会引起通信故障，导致智能产品工作不正常。

2. CRMBUS 系统传感器接口定义

第三方传感器（或干接点）与科力屋系统的连接有两种方式：一种是 6P4C 水晶头插接的方式，另外一种是直接端子接线的方式。

如图 4-5 所示，采用水晶头插接方式的传感器接口示意图（RJ11 插座与 6P4C 水晶头）。

RJ11 引脚定义见表 4-2。

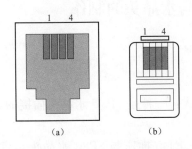

图 4-5　采用水晶头插接方式的传感器接口示意图

(a) RJ11 插座；(b) 6P4C 水晶头

表 4-2　　**RJ11 引脚定义**

RJ11 引脚号	CRMBUS 定义	定义描述
1	DC（－）	直流电源输出端 -
2	DC（＋）	直流电源输出端＋DC12V
3	Signal1（S1）	该端接第 1 路传感器或干接点信号
4	Signal2（S2）	该端接第 2 路传感器或干接点信号

如图 4-6 所示，采用直接端子接线方式的传感器接口示意图。

注意：

（1）科力屋智能传感器接口设计外供电源输出电压为 DC12V±20％，输出功率≤1W。

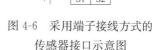

图 4-6　采用端子接线方式的
传感器接口示意图

（2）当用户外接传感器功率大于 1W 时，传感器的供电应用外接电源，传感器信号接入"S－"端；

（3）当用户外接传感器功率小于 1W 时，传感器可由科力屋的系统供电，"S"端接入传感器信号，"＋、－"端给传感器供电。

3. CRMBUS 系统 USB 接口引脚定义

CRMBUS 系统中所用到 USB 接口类型有两种：A 型 USB 接口和 B 型 USB 接口。A 型、B 型 USB 接口引脚示意图如图 4-7 所示。

USB 接口定义见表 4-3。

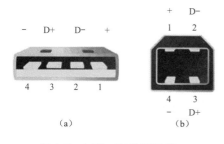

图 4-7　A 型、B 型 USB 接口

（a）A 型 USB 接口；（b）B 型 USB 接口

表 4-3　　　　USB 接口定义

USB 引脚号	CRMBUS 定义	定义描述
1	AC（＋）	系统交流电源（AC）或直流电源正端（＋）
2	H	通信口 H 端
3	L	通信口 L 端
4	AC（－）	系统交流电源（AC）或直流电源负端（－）

4.2.2　水晶头的制作方法

所有线路连接完并确认线路无误后，对于采用 8P8C 水晶头插接方式连接系统总线的产品，需要制作 RJ45 水晶头。

接入总线水晶头的每条线含义如下：

1（橙白）——备用。

2（橙）——备用。

3（绿白）——电源负极或电源 AC－。

4（蓝）——电源负极或电源 AC－。

5（蓝白）——电源正极或电源 AC＋。

6（绿）——电源正极或电源 AC＋。

7（棕白）——信号 L。

8（棕）——信号 H。

制作总线水晶头的线序与制作标准宽带线（568B）相同，要求用户压接水晶头时必须保证每个水晶头的线序一样，考虑以后的升级需要，即使备用线也要严格实行。夹制水晶头要先小后大分两次用力，每次用力要均匀。水晶头制作完成后，用水晶头校线器进行校验，确认无误并检测通过为止。

图 4-8 所示为 RJ45 水晶头示意图，具体制作方法见 2.5.1 节。

1	2	3	4	5	6	7	8
橙白	橙	绿白	蓝	蓝白	绿	棕白	棕
电源-	电源-	电源+	电源+	信号L	信号H

图 4-8 8P8C 总线连接水晶头示意图

当所有的总线水晶头制作完成以后，不管是使用总线分接器还是自己手工分接，都必须保证所有总线水晶头的 3、4 号线都要和系统电源的 OUT（-）端子或 AC-端子接通，5、6 号线都要和系统电源的 OUT（+）端子或 AC+端子接通，7 号线都要和系统电源的"L"端子接通，8 号线都要和系统电源的"H"端子接通。

4.3 总线分接器

4.3.1 总线分接器的规格与功能

（1）技术规格如下：

1）型号有 CRM-FJ20/5（5 口总线分接器）、CRM-FJ20/12（12 口总线分接器）、CRM-FJ20/12G（带电气隔离 12 口总线分接器）。

2）外观尺寸为 86mm×86mm×19mm（5 口总线分接器）、147mm×86mm×19mm（12 口总线分接器）。

（2）总线分接器就是把系统总线分接到各个智能部件，使系统总线的布线变得简单和易于维护。电源总线分接器模块也提供有 12 个总线接口。

总线分接器类似于计算机局域网的集线器。为了方便系统通信总线的安装布线、线路维修和故障诊断，根据布线需要每个楼层或每个房间都可安装一个总线分接器，智能产品的通信总线都连接到总线分接器，布线直观、方便，易于查找总线故障。在实际的应用中，可以从总线分接器往每个房间拉一条总线，然后同一房间内相邻安装的智能产品可通过智能开关的总线扩展接口（COM2）连接即可。

> ⚙ **警告**：如果 COM2 为 6P4C 的传感器接口，则无法通过其扩展总线连接。

（3）同一支路扩展连接的智能产品数量不宜超过 3 个（扩展连接的产品不要包含集中驱动器，每个集中驱动器应独占一条总线分支），否则有可能导致末端产品供电不足，而且如果该支路上某产品接触不良，会影响后面产品的通信。对于某房间安装的智能产品超过 3 个的情况，建议该房再装一个 5 口总线分接器。图 4-9 所示为电源总线分接器模块扩展连接墙装式 12 口或 5 口总线分接器图。

总线分接器共有 5 口和 12 口两种型号，用户可以根据接线数量来选择。对于多楼层、安装了多电源的超级用户，还可以选择带电气隔离的 12 口总线分接器。

4.3.2 总线分接器的接线与不同电源子系统的连接

1. 分接器的接线

总线分接器分有 5 口输出和 12 口输出两种规格，它们分别采用标准 86 和 146 底盒

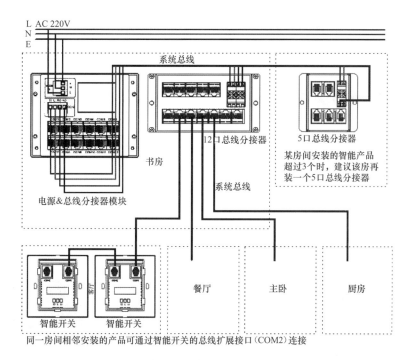

图 4-9　电源总线分接器模块扩展连接分接器的接线图

安装。电源总线分接器模块也提供有 12 个总线接口。

　　图 4-10 所示为 12 口总线连接器背面示意图，图 4-11 所示为总连接器支线端配有 0～6 个不等的支线接口图；图 4-12 所示为 5 口总线连接器背面示意图。

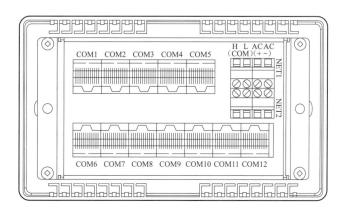

图 4-10　12 口总线连接器背面示意图

2. 不同电源子系统与总线分接器之间的连接

　　如果系统中安装了多电源，需要将 12 口总线分接器的"NET2"端口和另一总线分接器的"NET1"端口的"H"和"L"对应连接即可，相当于只连通总线的信号线。

图 4-11 12 口总线分接器背面实物图

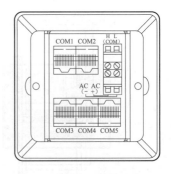

图 4-12 5 口总线连接器背面示意图

图 4-13 所示是不同电源子系统的总线分接器之间的连接图。

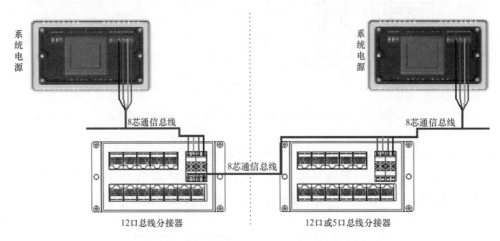

图 4-13 不同电源子系统的总线分接器之间的连接图

⚙ **操作指导：**

(1) 系统电源与总线分接器之间，以及总线分接器与另一总线分接器之间要采用端子连接，一定要保证端子号的对应，如系统电源端子的"H、L、OUT（＋、－）"要分别接到总线分接器端子的"H、L、AC（＋、－）"。

(2) 总线分接器与智能产品之间采用水晶头连接，但要保证每个总线水晶头的制作方法一样。

(3) 系统总线的分接如果不采用总线分接器，除了保证接入产品的每个水晶头的制作方法一样外，还要求总线的分接处要保证每根线对应并接且保证线间绝缘。

(4) 总线分接器的具体接线应参考本章开始介绍的"科力屋智能家居系统总线连接示意图"，以及"多电源的连接"相关介绍。

4.4 系统电源的规格与安装接线

4.4.1 系统电源的技术规格

（1）型号：CRM-DY20（墙装式）、CRM-DY/M（模块式，安装于弱电箱内，占用2U模块位；20W电源，另有12口总线分支）。

（2）输入电压：AC220V＋15％。

（3）输出电压：AC12V。

（4）额定功率：15W（墙装式）和20W（模块式）。

（5）外观尺寸（墙装式）：146mm×86mm×35mm。

（6）固定螺钉孔距（墙装式）：120.6mm（底盒深≥45mm）。

4.4.2 系统电源的安装接线

1. 电源与总线分接器模块安装接线

电源与总线分接器模块是墙装式系统电源的升级品，它安装于弱电箱内，占用2U模块位，为家居系统中的智能产品提供12V交流工作电源，另有12口总线分支。图4-14所示为电源与总线分接器模块（安装于弱电箱内）背面接线图。

2. 墙装式系统电源安装接线

（1）墙装式系统电源采用标准146底盒安装，它为家居系统中的智能产品提供12V交流工作电源。

（2）系统电源背板接线通过接线端子连接。主要有：220V交流电源输入（相线、零线、地线）；后备直流电源输入（12V）以及总线输出（＋、－、H、L共四芯）。

（3）系统电源进线是交流220V（50Hz），其中L是电源相线，N是电源零线，E是接地线。

（4）系统电源的输出接口OUT（＋、－）为系统总线提供工作电源，而通信接口COM（L、H）输出系统通信总线信号。

（5）后备电源接口IN（＋、－）接入一组蓄电池（电压为DC12V）。当交流220V电源停

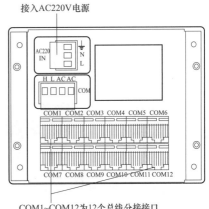

接入AC220V电源

COM1~COM12为12个总线分接接口

图4-14 电源与总线分接器模块背面接线图

输出端子AC、AC、L、H说明：

电源模块的输出端子AC、AC、L、H分别对应8P8C水晶头的4、5、7、8引脚，如果总线分接口不够用，可通过此处硬连线的方式扩展连接至墙装式5口或12口总线分接器；如果是多电源连接，则两个电源模块之间不要连接AC、AC电源端子，只需连接L、H信号端子即可

电时，后备电源为系统中所有的传感器和通信控制器提供报警电源，以保证安防监测的连续性。

图4-15所示为系统电源后盖接线图。

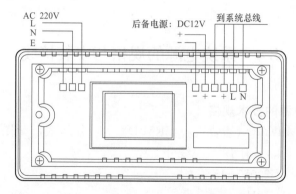

图 4-15　系统电源后盖接线图

⚙ **接线提示:**

（1）系统电源的输出接口 OUT（－）和 OUT（＋）、通信接口 COM（L）和 COM（H）分别对应 8P8C 水晶头的 4、5、7、8 引脚,而制作总线水晶头时只要保证系统中每个总线水晶头按相同的线颜色排列制作即可。

（2）如果系统电源的输出接入总线分接器,则要保证系统电源端子的"H、L、OUT（＋、－）"要分别接到总线分接器端子的"H、L、AC（＋、－）"。

4.4.3　多电源的连接方式

1. 双电源总线连接

对于多楼层住宅（如复式楼或多层别墅）或安装智能产品较多的情形,可采用双电

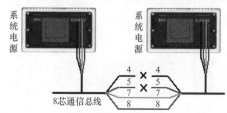

图 4-16　双电源总线连接图

源或多电源供电方式。如图 4-17 所示,8 芯通信总线中的 4、5 号线是 12V 电源线,7、8 号线是信号线,应在楼层之间总线连接处把 4、5 号线断开,只连接 7、8 号线,这样每个系统电源只为其所在楼层的产品提供工作电源,但每层楼之间的信号可以通过 7、8 号线通信。图 4-16 所示为双电源总线连接图。

⚙ **接线提示:**

（1）如果系统中安装了多电源,需要将 12 口总线分接器的"NET2"端口和另一总线分接器的"NET1"端口的"H"和"L"对应连接即可,相当于只连通总线的信号线。

（2）总线分接器"NET1"端子排的"H、L、AC（＋、－）"需要对应接入系统电源端子的"H、L、OUT（＋、－）"。

（3）5 口总线分接器只有非电气隔离式一种型号,而 12 口总线分接器分为电气隔离和非电气隔离两种型号。

对于多楼层安装了多电源的超级用户，还可以选择带电气隔离的 12 口总线分接器。如果系统中有两个系统电源，则只需要一个电气隔离式的 12 口总线分接器，以此类推，再多一个系统电源则再增加一个电气隔离式 12 口总线分接器。

单电源供电系统无需采用电气隔离式总线分接器，只有安装双电源或多电源的系统，才需要选用电气隔离式 12 口总线分接器，目的是在不同电源供电子系统之间实现完全的电气隔离。当然，也可以全部采用非电气隔离的总线分接器，功能完全不受影响。

2. 三相电源的连接

对于住宅电源进线是三相电源的特殊情形，如果系统电源接入 L1 相，这时接入 L2、L3 两相的白炽灯在调光时会出现灯光闪烁现象，解决的方法有以下三种：

（1）所有的照明灯具用同一相电源供电，系统电源接在同一相照明电源上。

（2）系统电源和需要调光开关的负载接在同一相电源上；不需要调光的灯具可以接在另外两相电源上，用继电器型智能开关控制。

（3）在每一相上接入一个系统电源，由该系统电源供电的智能开关的负载电源相线与该系统电源接入的相线相同（即"系统电源－智能开关－开关负载"都处于同一相线上）。图 4-17 所示为三相电源总线连接图。在系统电源之间的总线连接处断开 4、5 号线，只连接 7、8 号线。

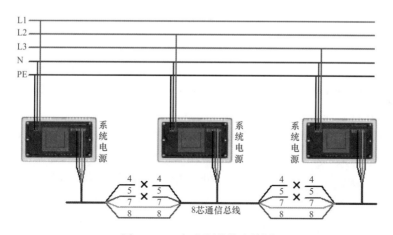

图 4-17　三相电源总线连接图

第**5**章

智能家居系统主要部件的安装

> **主要内容：** 智能家居主机分为有线安装和无线安装，以前安装智能家居，不仅昂贵而且需要布线，安装复杂繁琐（在第 2、3、4 章已经介绍智能家居有线安装所需要的内容）。本章主要介绍智能家居无线系统的主要部件的安装与接线。

5.1 智能家居系统主机

目前，随着物联网的快速发展、网速的快速提升以及智能手机的大量普及，智能家居越来越普遍，越来越快地走进普通老百姓家中。现在无线安装智能家居系统主机成了现在的主流趋势。

家庭安装智能家居主机后，可通过计算机和手机远程监控家里的情况，若出现防盗、失火等，智能主机会第一时间通过短信知道家里情况，从而快速报警。智能家居主机采用国际通用 Z-Wave 协议，全部采用无线传输方式，安装方便。智能主机采用 Linux 系统，868.42MHz 通信频率，系统稳定、技术先进，可以无限自由组网，能够将所有家电设备融合到系统中，从而实现通过手机、计算机、iPad 等移动设备控制家中所有灯光、电器，并且能够实时显示电器被控制的真实状况。

图 5-1 无线安装的智能家居主机

图 5-1 所示为无线安装的智能家居主机。

5.1.1 智能家居主机的特点与系统结构

1. 智能家居主机的主要特点

（1）双向无线传输。产品均采用双向无线传输，系统开关状态可即时呈现，一目了然。

（2）快速安装、维修。系统全部采用无线传输，安装方便，而且方便移动和再安装。

（3）操作方便。不受时间、空间、硬件限制，可随时随地操作，可使用智能手机、平板电脑等进行操控。

（4）自由组合。用户可根据个人需要自由组合产品，完全为用户量身定制，使智能系统更具人性化，更容易满足不同用户需求。

（5）系统稳定。采用国际通用 Z-Wave 无线传输协议，系统稳定，操作简单。

（6）GPS 定位追踪。GPS 迷你追踪器、支持手机基站定位及街景追踪介面。

2. 智能家居主机的系统结构

（1）报警控制子系统。采集红外幕帘、红外对射、门磁、煤气、火警等探测器的报警信号，这些信号可以通过有线与无线两种方式传送到智能家居主机。智能家居主机对这些信息进行分析后，如果是报警信号立即发出报警。报警方式有警号鸣响、循环拨打电话、向服务器发送报警信号、向正在连接的计算机发出报警信号等。无线信号是通过 315MHz 民用无线频率传送到智能家居主机。报警信号数据经过编码后调制到 315MHz 的射频电波上，智能家居主机接收解调后再将报警信号解码，还原为报警信号。因而，该系统具有可靠性和保密性。智能家居主机可以接入 16 路有线报警信号与 32 路无线报警信号。

（2）频监控子系统。智能家居主机可以接入 4 路视频图像，有 2 路还可以通过 2.4GHz 的无线接入。4 路图像可以设置 24 小时录像或定时录像、触发录像、远程控制录像。机内硬盘可以保存 15 天以上的连续录像。图像可以在智能家居主机所连接的显示器或电视机上观看，也可以在远程计算机上观看和在手机上观看。图像存储的格式是 MPEG4，分辨率为 352×288，每秒 25 帧。手机上观看的图像分辨率是 176×144。

（3）智能家居控制子系统。系统具有控制家用电器或其他设备的电源开关、温度调节、频道调节等控制功能，可以输出 6 路有线开关量控制和 32 路无线开关量控制，还可以输出经过预学习的各种设备的红外遥控码功能。这些功能使得对家用电器的智能控制非常方便。软件系统具有用户自编程功能，对家电设备的控制完全可以由用户自己来设置，如定时控制、触发控制等。网络使得用户可以通过计算机在远程对家电设备进行控制，也可以使用手机来控制。

5.1.2　智能家居主机的性能指标与安装要求

1. 性能指标

（1）视频解析度：4 路 CIF，352×288。

（2）视频压缩格式：MPEG4。

（3）视频制式：PAL 制式。

（4）最大帧率：4×25 帧全实时。

（5）视频带宽：64K～2Mbit/s 可调。

（6）无线视频使用频率：2.4GHz。

（7）32 路无线报警接收频率：315MHz。

（8）32 路无线输入编码格式：PT2262/2272 编码格式或 1527 编码格式。

（9）32 路无线输出频率：315MHz。

（10）32 路无线输出编码格式：PT2262/2272 编码格式或 1527 编码格式。

（11）16 有线报警输入信号：无源开关量，常闭型，断开为报警。

（12）6 路有线输出信号：500mA 的 TTL 电平信号，可接继电器等。

（13）1 路有线警笛输出信号：2A/12V 开关信号，可直接接警笛等。

（14）网络接口：100M 以太网。

（15）显示接口：VGA 与 AV 双显示。

（16）电话接口：PSTN 电话接口。

2. 安装要求

（1）硬件安装。

1）前面板。它主要包括键盘和指示灯。键盘各键的功能是根据菜单的变化而变化的。

2）后面板。它包括各种接线端口，主要有 VGA 接口、视频接口、网络接口、电话接口、I/O（输入/输出）接口。

（2）系统需求。

1）需要一台电视机或监视器，也可以是显示器。

2）需要一些报警探测器的连接线，可以使用 4 芯电话线代替。

3）如果要在手机上看视频，手机要能上网。

4）需要一路可以拨打市话的电话线。

5）主机安装到通风干燥无阳光直射的室内环境里。

6）要 220V 电源，最好还有 UPS 等备用电源（机内无备用电源）。

（3）安装条件。

1）安装摄像机，连接视频线到视频输入接口。最多可接 4 路图像，其中第一、二路可以是有线或无线两种接入方式，选择一种。

2）安装并连接有线接入的各种探头。

3）连接视频输出到电视机或监视器。

4）安装无线接入的各种探头。如果是自己购买的无线探头，需要先录入到主机里以便被主机认可。

5）安装智能家居无线控制开关。如果是自行选择购买的开关设备，需要先录入到主机里以便被主机认可。

图 5-2 所示为智能家居主机无线安装接线图。

图 5-2　智能家居主机无线安装接线图

5.2 智 能 开 关

智能开关采用标准 86 底盒安装，其安装、拆卸方法跟普通开关类似。智能开关不同的规格，其接线方式略有差别。图 5-3 所示为常见无线智能开关外形图。

5.2.1 智能开关的性能与接线端口

1. 智能开关主要性能

图 5-3 常见无线智能
开关外形图

（1）面板规格：86mm×86mm。

（2）安装孔距：60.3mm。

（3）深度：25mm。

（4）单、双联开关负载额定功率：高压模块为晶闸管驱动时（可调负载），该路负载额定功率为 220W；高压模块为继电器驱动时（大功率不可调负载），该路负载额定功率为 1000W。

（5）三联开关负载额定功率：三联开关的高压模块为 3 路继电器驱动，每路负载额定功率为 500W。

（6）负载电源：AC220V/50Hz。

2. 智能开关接线端口

（1）通信总线接口、外接传感器接口：

1）COM1 为固定的通信总线接口（8P8C）。

2）COM2 为通信总线扩展接口（8P8C）或传感器接口（6P4C 传感器接口），两者只能有其一。

（2）负载接线端子：L（相线进线）、L1（第 1 路负载输出）、L2（第 2 路负载输出）、L3（三联开关第 3 路负载输出）。

图 5-4 所示为智能开关背面图（3 端子和 5 端子）。

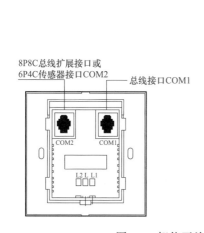
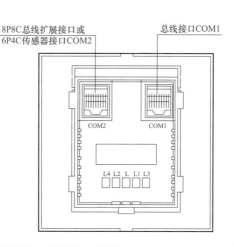

图 5-4 智能开关背面图（3 端子和 5 端子）

5.2.2 单联、双联、三联智能开关的控制接线

1. 单联开关接线

L接入相线，单联开关只有一路（L1）输出，图5-5所示为单联开关接线示意图。

2. 双联开关接线

L接入相线，双联开关有两路（L1、L2）输出，图5-6所示为双联开关接线示意图。

3. 三联开关接线

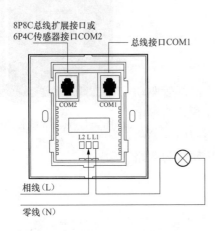

图5-5 单联开关接线示意图

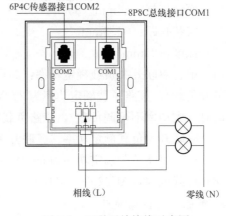

图5-6 双联开关接线示意图

L接入相线，三联开关有三路（L1、L2、L3）输出，图5-7所示为三联开关接线示意图。

> **接线指导：** 要求通信总线水晶头接入COM1，当相邻安装有其他智能产品时，可以通过总线扩展接口COM2连接到相邻智能产品的COM1接口。若选购的智能开关规格指明COM2为传感器接口（即6P4C接口），则不能作为通信总线扩展接口使用。

> **注意：** 高压驱动模块为双路（一路晶闸管一路继电器，即一路可调一路不可调）输出时，L1为可调负载接线端子，L2为不可调负载接线端子。

5.2.3 智能开关控制电器设备的接线

1. 智能开关控制超大功率设备时的安装接线

当控制对象为大于1000W而小于2000W的大功率设备时，可选用智能插座控制；当控制电器为大于2000W的超大功率设备时，必须选用继电器型智能开关驱动一个中间交流接触器，再由交流接触器转接驱动超大功率设备。智能开关控制超大功率设备接线图如图5-8所示。

2. 单联开关用于控制普通插座时的安装接线

当智能开关后盖驱动模块为单继电器输出时，用户可以将它用于控制家用电器（如电视机、空调器、热水器、电饭锅、饮水机等）的电源插座，使普通电源插座具备智能插座的功能。

控制插座的智能开关，适合安装在便于用户手动操作的位置。如果该智能开关控制的是红外家电的电源插座（如空调插座），且当前房间安装有智能转发器，那么只要用户按下智能开关的开关按键（假设控制的是空调插座），则插座在得电的同时，空调器也随之启动了，给用户的日常家居生活带来极大的便利。单联开关用于控制普通插座时的安装接线图如图5-9所示。

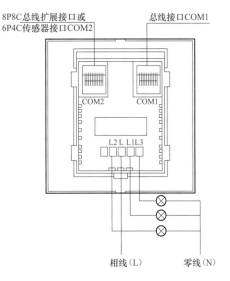

图 5-7 三联开关接线示意图

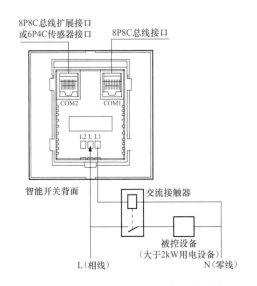

图 5-8 智能开关控制超大功率设备接线图

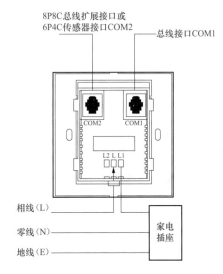

图 5-9 单联开关用于控制普通插座时的安装接线图

3. 单联开关用于控制电控锁时的安装接线

当智能开关后盖高压驱动模块为单继电器输出时，用户可以将其应用于电控门锁控制，并将其编址为电控锁开关，实现电控门锁开关遥控操作。此时L输入电压为电控锁的12V直流电源电压，L1输出为电控锁控制电压；另外，COM1接入通信总线。图5-10所示为单联开关用于控制电控锁时的安装接线图。

4. 窗帘开关（用于控制电动窗帘/电动卷闸门/电动卷帘）的安装接线

（1）直流窗帘开关的接线。窗帘开关实际上就是后盖高压驱动模块为双继电器输出的单联开关，可以驱动 220V 交流电动机，用于电动窗帘/电动卷闸门/电动卷帘的控制。

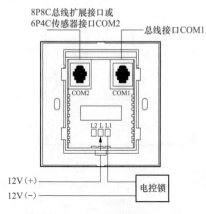

图 5-10　单联开关用于控制电控
锁时的安装接线图

L 输入电压为电动窗帘或电动卷闸门（卷帘）的交流电源输入端（相线），L1、L2 分别为电动窗帘或电动卷闸门（卷帘）的左右或上下开闭输出控制端，若电动机转向相反，则将 L1、L2 接线端对调即可；电动机的公共端（N）接零线；另外，COM1 接入通信总线。

图 5-11 所示为窗帘开关（用于控制电动窗帘/电动卷闸门/电动卷帘）的安装接线图，图 5-12 所示为直流窗帘开关（用于驱动直流电动机）的安装接线图。

（2）双层窗帘触摸开关安装接线。双层窗帘触摸开关可以驱动两个 220V 交流电动机，可以控制两个电动窗帘，适合双层窗帘的控制。

L 输入电压为电动窗帘或电动卷闸门（卷帘）的交流电源输入端（相线），L1、L3 分别为第一路电动窗帘的左右或上下开闭输出控制端，若电动机转向相反，则将 L1、L3 接线端对调即可；L2、L4 分别为第二路电动窗帘的左右或上下开闭输出控制端，若电动机转向相反，则将 L2、L4 接线端对调即可；电动机的公共端（N）接零线；另外，COM1 接入通信总线。

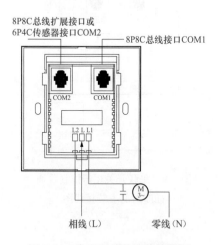

图 5-11　窗帘开关的安装接线图

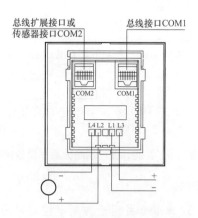

图 5-12　直流窗帘开关的安装接线图

图 5-13 所示为双层窗帘触摸开关（可以控制两个电动窗帘）的安装接线图。

5. 灯光场景触摸开关、可编程触摸开关和音视频触摸开关的接线

灯光场景触摸开关、可编程触摸开关和音视频触摸开关只需 COM1 接入通信总线即可。图 5-14 所示为灯光场景触摸开关/可编程触摸开关/音视频触摸开关接线图。

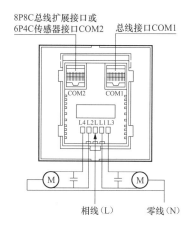

图 5-13　双层窗帘触摸开关的安装接线图

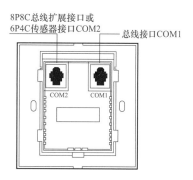

图 5-14　灯光场景触摸开关/可编程触摸开关/
音视频触摸开关接线图

5.3　多功能面板

5.3.1　多功能面板的特点与功能

1. 多功能面板的特点

多功能触控面板出厂是不带驱动模块的，在实际使用中，采用集中驱动器驱动的方式，实现面板操作和高压驱动的完全分离；另外，采用集中驱动器驱动的方式可以规范布线，也便于日后的维护。

图 5-15 所示为多功能触控面板正面外形图。

当然，通过搭配单路/双路/四路高压驱动模块（提示：把高压驱动模块插接到多功能触控面板的背面，两者就合为一个整体），多功能面板自身也可以驱动 1～4 路灯光或 1～2 路电动窗帘。

图 5-15　多功能触控面板正面外形图

2. 多功能面板的功能

（1）单路高压驱动模块：CRM-1L/K（可调型），驱动一路白炽灯，可调光；CRM-1L/J（不可调型），驱动一路灯光。

（2）双路高压驱动模块：CRM-2L/K＋J（第一路可调，第二路不可调），驱动两路灯光；CRM-2L/J＋J（两路均不可调），驱动两路灯光，或驱动一路电动窗帘。

（3）三路高压驱动模块：驱动三路灯光，不可调；或驱动一路电动窗帘及一路灯光。

（4）四路高压驱动模块：驱动四路灯光，不可调；或驱动两路（双层）电动窗帘。

3. 多功能面板的技术参数：

（1）型号：CRM-DGN、CRM-DGN/S（带传感器接口，可接入两路干接点信号）。

（2）面板规格：86mm×90mm、安装孔距为60.3mm、深度为25mm。

（3）带单路或双路高压驱动模块时的负载额定功率：高压驱动模块为晶闸管驱动时（可调模块），负载额定功率为220W；高压驱动模块为继电器驱动时（不可调模块），负载额定功率为1000W。

（4）带三路/四路高压驱动模块时的负载额定功率：每路均为继电器驱动，每路负载额定功率为500W。

（5）负载电源：AC220V/50Hz。

（6）工作电流：40～135mA（依是否启用节能模式、显示屏亮度、是否带驱动模块、所带驱动模块的型号、所驱动负载的开/关状态等的不同而不同）。

5.3.2 多功能面板的结构与安装

警告： 在安装、拆卸多功能面板前，要先切断电源。

1. 多功能面板结构和面板布局

多功能面板结构图和多功能面板操作图如图5-16图5-17所示。

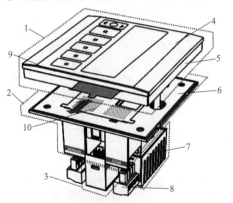

图5-16 多功能面板结构图

1—面板组件；2—低压模块；3—高压模块；4—面板；
5—定位框；6—上底盒；7—下底盒；8—接线端子；
9—纸板；10—隔板

2. 多功能面板的安装

（1）要准确按多功能面板背部标识正确接线（接线端子与插座以颜色配对，传感器接口为橙色对橙色，总线接口为绿色对绿色），如图5-18所示。

安装提示①：总线接口（COM）的接线应参考"系统总线接口定义及连接方法"。

安装提示②：传感器接口（SENSOR）外接第三方传感器（或干接点）的接线应参考"系统传感器（干接点）接口定义及连接方法"。

总线接线端子与总线水晶头的线序对应关系如图5-19所示。

（2）安装低压模块前要将面板组件，按图5-20、图5-21所示的方法取下并妥善管理；然后用两个M4×25规格螺钉，将低压模块安装并紧固到墙面底盒上。

（3）正确安装面板组件到位，以磁铁吸合声音作为判定到位标准。

1）将面板组件定位框上部按图5-22所示的步骤①扣入上底盒。

2）定位框边缘紧贴上底盒上边，并以此接触边线为轴心线按图5-22所示的步骤②、③

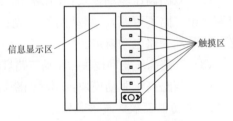

信息显示区　　　触摸区

图5-17 多功能面板操作图

旋转面板到步骤④将面板组件装配到位。

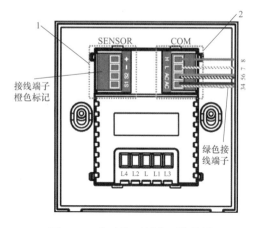

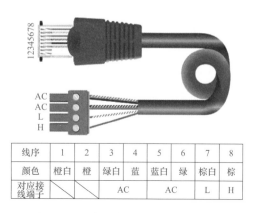

图 5-18　多功能面板背面接线图

1—传感器接口；2—总线接口

图 5-19　总线接线端子与总线水晶头的

线序对应关系

线序	1	2	3	4	5	6	7	8
颜色	橙白	橙	绿白	蓝	蓝白	绿	棕白	棕
对应接线端子			AC		AC		L	H

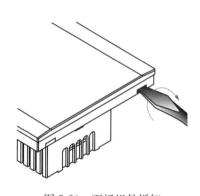

图 5-20　面板组件拆卸

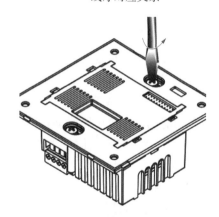

图 5-21　把螺钉拆卸下来

（4）纸板可按箭头方向拔出或插入面板侧面开槽（针对插纸型多功能面板）。

5.3.3　多功能面板的控制接线

如果多功能面板不带驱动模块，只需 COM1接入通信总线即可；如果带驱动模块，根据不同的驱动模块型号，其接线方式略有差别。

1. 多功能面板后盖的布置

（1）多功能面板（不带驱动模块）后盖的布置，如图 5-23 所示。

（2）多功能面板（带单路或双路驱动模块）后盖的布置，如图 5-24 所示。

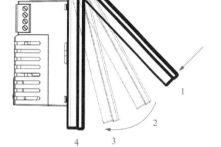

图 5-22　多功能面板组件安装图

（3）多功能面板（带三路或四路驱动模块）后盖的布置，如图 5-25 所示。

（4）通信总线接口布置。

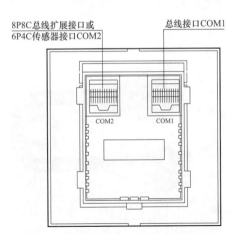

图 5-23　多功能面板（不带驱动模块）
后盖的布置

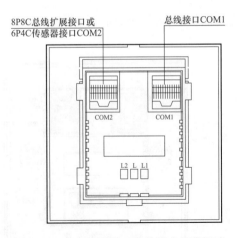

图 5-24　多功能面板（带单路或双路驱动
模块）后盖的布置

1）COM1 为通信总线接口（8P8C）。

2）COM2 为通信总线扩展接口（8P8C）或传感器接口（6P4C 传感器接口），两者只能有其一。

（5）负载接线端子布置 L（相线进线）、L1（第一路驱动输出）、L2（第二路驱动输出）、L3（第三路驱动输出）、L4（第四路驱动输出）。

2. 多功能面板的接线

（1）多功能面板（带单路驱动模块）的接线图如图 5-26 所示。不带驱动模块时，多功能面板只需 COM1 接入通信总线即可。当相邻安装有其他智能产品时，可以通过总线扩展接口 COM2 连接到相邻智能产品的 COM1 接口。若选购的多功能面板规格指明 COM2 为传感器接口（即 6P4C 接口），则不能作为通信总线扩展接口使用。

（2）多功能面板（带单路/双路/四路驱动模块）控制灯光/风扇或控制电控锁时的接线：

1）L 接入相线，单路驱动模块只有一路（L1）输出，如图 5-26 所示。

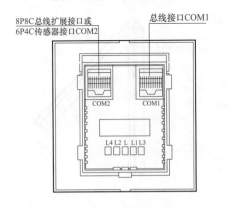

图 5-25　多功能面板（带三路或四路驱动模块）
后盖的布置

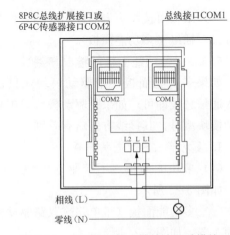

图 5-26　多功能面板（带单路驱动模块）
接线图

2）多功能面板（带双路驱动模块）有两路（L1、L2）输出，如图 5-27 所示。

3）多功能面板（带三路驱动模块）有三路（L1、L2、L3）输出，如图 5-28 所示。

4）多功能面板（带四路驱动模块）有四路（L1、L2、L3、L4）输出，如图 5-29 所示。

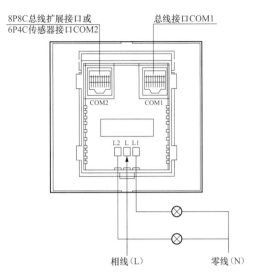

图 5-27　多功能面板（带双路驱动模块）
接线图

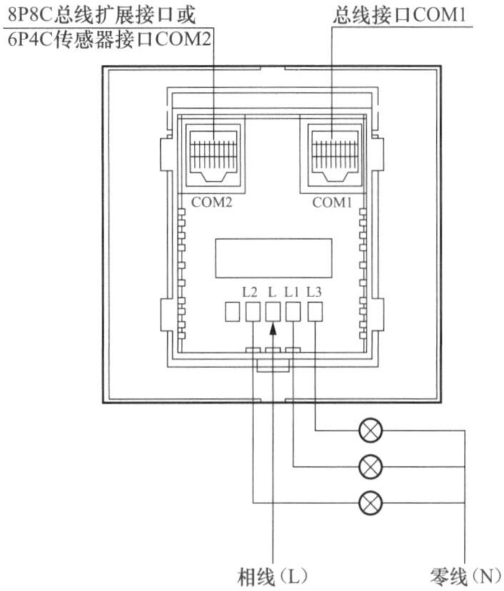

图 5-28　多功能面板（带三路驱动模块）
接线图

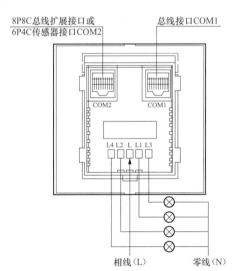

图 5-29　多功能面板（带四路驱动模块）接线图

> 🛠 **安装指导：** 当带驱动模块的多功能面板用于控制灯光/风扇设备时，除了按以上图示正确接线，还要通过管理软件的【多功能面板及驱动模块编址】界面选择驱动对象为"灯光设备"；另外，如果控制的是电控锁，则选择驱动对象为"电控锁"，并设置电动锁的动作保持时间。

警告： 用于电控锁的控制时，L 端为电控锁的 12V 直流电源电压输入的＋端。一般电控锁只需要一个脉冲的电压驱动即可开锁，不允许长时间通电，否则会烧掉电控锁，因此动作保持时间必须调整为能够开锁的时间。时间单位为秒，一般设置为 3s。

---

3. 多功能面板控制超大功率设备时的安装接线

当控制对象为大于 1000W 而小于 2000W 的大功率设备时，可选用智能插座控制（参考"智能插座安装接线"介绍）；当控制对象为大于 2000W 的超大功率设备时，也可选用带继电器驱动模块的多功能面板驱动一个中间交流接触器，再由交流接触器转接驱动超大功率设备。

多功能面板控制超大功率设备时的接线图如图 5-30 所示。

4. 多功能面板用于控制单个电动窗帘的安装接线

（1）多功能面板（带双路驱动模块）控制单个电动窗帘的安装接线如图 5-31 所示。双路驱动模块可以驱动 220V 交流电动机，用于电动窗帘/电动卷闸门/电动卷帘的控制。

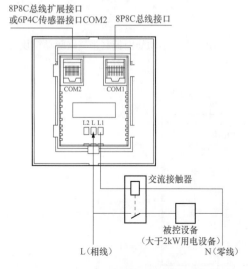

图 5-30　多功能面板控制超大功率
设备接线图

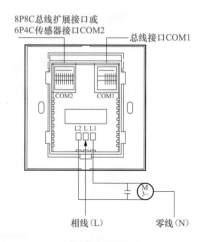

图 5-31　多功能面板控制单个电动窗帘的
安装接线图

L 输入电压为电动窗帘或电动卷闸门（卷帘）的交流电源输入端（火线），L1、L2 分别为电动窗帘或电动卷闸门（卷帘）的左右或上下开闭输出控制端，若电动机转向相反，则将 L1、L2 接线端对调即可；电动机的公共端（N）接零线；另外，COM1 接入通信总线。

安装指导： 当带驱动模块的多功能面板用于控制单个电动窗帘时，除了按上图正确接线，还要通过管理软件的【多功能面板及驱动模块编址】界面选择 L1、L2 驱动对象为"电动窗帘"。

（2）多功能面板（带四路驱动模块）控制两个电动窗帘的安装接线图如图 5-32 所示。

四路驱动模块可以驱动两个 220V 交流电动机，可以控制两个电动窗帘，适合双层窗帘的控制。

L 输入电压为电动窗帘或电动卷闸门（卷帘）的交流电源输入端（相线），L1、L2 分别为第一路电动窗帘的左右或上下开闭输出控制端，若电动机转向相反，则将 L1、L2 接线端对调即可；L3、L4 分别为第二路电动窗帘的左右或上下开闭输出控制端，若电动机转向相反，则将 L3、L4 接线端对调即可；电动机的公共端（N）接零线；另外，COM1 接入通信总线。

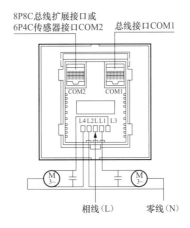

图 5-32　多功能面板控制两个电动窗帘的安装接线图

> **安装指导：** 当带驱动模块的多功能面板用于控制两个电动窗帘时，除了按上图正确接线，还要通过管理软件的【多功能面板及驱动模块编址】界面选择 L1、L2、L3、L4 驱动对象为"电动窗帘"。

5. 带传感器接口的多功能面板接入普通开关面板干接点信号

多功能面板的背面有两个接口，一个是 COM1（总线接口），另一个是 COM2（8P8C 总线扩展接口或 6P4C 传感器接口）。多功能面板的 COM2 如果为传感器接口，则可以接入两路第三方的干接点信号（干接点信号可以来自任何第三方传感器的动作，或普通开关面板按键的动作）：

（1）第一路干接点接入 6P4C 传感器接口水晶头的 3 号线；

（2）第二路干接点接入 6P4C 传感器接口水晶头的 4 号线。

所接入的干接点起什么作用，完全取决于干接点事件的具体设置。

多功能面板的传感器接口，通过干接点事件设置功能，不仅可以纳入第三方的传感器（传感器的接线应参考传感器安装接线），而且可以纳入传统的普通开关面板。

例如：主卧室的进门处安装有一个带传感器接口的多功能面板，该多功能面板可以控制主卧的所有灯光、家电、背景音乐、电动窗帘以及灯全开全关、睡眠、起夜、早起、阅读、浪漫等情景，如果在床头再装一个多功能面板，也可以实现同样的功能。但为了节省费用，床头不装多功能面板或智能开关，而只装一个传统的普通双键开关面板。该普通双键开关面板接入门口多功能面板的传感器接口，通过管理软件【多功能面板界面及参数设置】窗体中的干接点事件设置，就可以任意定义该普通双键开关面板的两个按键的控制对象，比如其中一个按键设置为控制主卧室壁灯的开关，另一个按键设置为实现主卧室或全宅灯光的全关功能。

图 5-33 所示是普通单键开关面板（背面）和与多功能面板的传感器接口水晶头（6P4C）接线示意图，图 5-34 所示是普通双键开关面板（背面）和与多功能面板的传感器接口水晶头（6P4C）接线示意图。

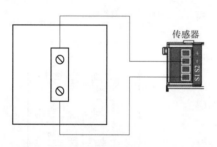

图 5-33 普通单键开关面板（背面）和
与多功能面板的传感器接口接线示意图

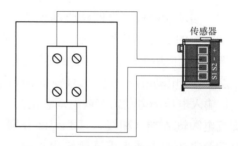

图 5-34 普通双键开关面板（背面）和
与多功能面板的传感器接口接线示意图

5.4 智 能 插 座

　　智能插座是节约用电量的一种插座，如图 5-35 所示。有的高档节能插座不但节电，还能保护电器（说是保护电器，主要是有清除电力垃圾的功能）；另外，还有防雷击、防短路、防过载、防漏电、消除开关电源和电器连接时产生电脉冲等功能。

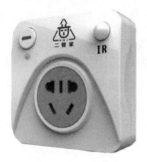

图 5-35 智能插座

5.4.1 智能插座的分类与规格

　　智能化插座属于新兴的电气部件，国内至今尚无明确的标准规范及定义。当前市场上在售的产品较少，主要可分为以下两大类。

　　1. 可编程（PLC）自动控制安全节能转换器

　　（1）产品对被控家电电器、办公电器电源实施可编程（PLC）自动定时控制开通和关闭，有效消除被控电器在非工作时间实现"零功耗待机"。

　　（2）产品采用七个按键操作方式，具有八开八关的可编程设定资源，控制周期为日控或周控循环。

　　（3）产品采用特殊的高效节能控制技术和方案，自身静态功耗和动态功耗均小于 20mW。

　　（4）产品供电接口采用特殊的"防误插"安全通用插孔和高可靠弹性磷铜插套，能确保电器安全可靠供电和用电。

　　（5）采用电池维持时钟运转，用户设置的定时程序不会因关电掉电而丢失。

　　（6）所设定的程序有清除和恢复功能。

　　（7）产品设有开启和关闭的指示标志。

　　（8）产品可广泛用于电视机、计算机、空调器、加湿器、饮水机、照明灯、充电器等需要定时控制通电和断电的各种家用电器及办公设备等配用。

　　2. 多重电路保护

　　（1）雷击、电涌防护：

　　1）最大耐冲击电流为 20KA 或更高。

　　2）限制电压≤500V 或更低。

（2）报警保护：LED 数字式电流显示与带报警功能的全程电流监控。

（3）滤波保护：带有精细滤波保护，输出超稳定的纯净电源。

（4）过载防护：提供两极超负荷保护，可有效防止过载所产生的问题。

智能插座用于家电电源的智能控制，可以有效杜绝家电设备的待机功耗；智能插座面板上还提供有一个开/关按钮，方便手动操作。

3. 智能插座参数

（1）面板规格：86mm×86mm。

（2）安装孔距：60.3mm。

（3）深度：29mm。

（4）额定工作电流：10A（AC220V/50Hz）。

5.4.2　智能插座的安装

智能插座的安装按如下步骤进行：

（1）要按照插座背部的正确标示接线。

（2）用两个 M4×25 规格的螺钉，将插座紧固到墙面安装的底盒上。

（3）安装插座面板。

（4）安装插座外壳。

> **警告：**
>
> （1）在安装和拆卸智能插座时，必须先切断电源。
>
> （2）在插座的面板安装和拆卸时注意防止门弹簧弹出。

5.4.3　智能插座的接线

智能插座强电接线方式（如相线、零线、地线）和传统插座的接线方式一样；智能插座只有一个通信总线接口 COM（8P8C），将水晶头插入通信总线接口 COM 即可。

智能插座接线图如图 5-36 所示。

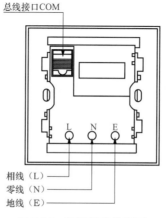

图 5-36　智能插座接线图

5.5 集中驱动器

集中驱动器属于系统中可选安装的集中驱动单元，便于将灯光、电器的电源集中布线安装和日后维护。特别适用于实施布线管理的小区别墅、办公室、酒店、客厅、餐厅、会议室、娱乐等场所。集中驱动器最常见的用途是和灯光场景触摸开关配合使用，构成智能灯光场景群控效果。

图 5-37 集中驱动器外形图

图 5-37 所示为集中驱动器外形图。

5.5.1 集中驱动器的功能与技术参数

1. 集中驱动器的功能

每个集中驱动器包括一个基础驱动模块（含两路继电器驱动输出）和六个扩展驱动模块，共八路负载控制输出；每路扩展驱动模块可选用晶闸管输出或继电器输出。系统中可以安装多个集中驱动器，每个集中驱动器以不同的编码识别。集中驱动器的编码由底座的编码开关来确定，编码范围为 0～F。

集中驱动器八路负载单独控制功能：任何一个不带高压驱动模块的单、双联开关的下按键，通过指定其控制对象为"集中驱动器的某路负载"，可以实现开关面板单独控制集中驱动器的某路负载；另外，任何一个单、双联开关的上按键均可以通过设置联动对象为"两地开关集中驱动器的某路"，实现集中驱动器某路负载的独立开/关。

2. 集中驱动器技术参数

（1）型号

1）CRM-QD/4K（驱动四路可调，每路 3A，每路均有应急手动按键；六路干接点接口）：驱动四路白炽灯，可调光。

2）CRM-QD/4J（驱动四路不可调，每路 15A，每路均有应急手动按键；三路干接点接口）：驱动四路不可调灯光/或驱动两路电动窗帘（220V 交流电动机）/或混合驱动灯光和电动窗帘。

3）CRM-QD/6J（驱动六路不可调，每路 5A，前四路有应急手动按钮；三路干接点接口）：驱动六路不可调灯光/或驱动三路电动窗帘（220V 交流电动机）/或混合驱动灯光和电动窗帘/或驱动一路中央空调。

（2）电源：

1）CRM-QD/4K 型的电源为 AC220V＋10%。

2）CRM-QD/4J 型和 CRM-QD/6J 型由系统总线供电（也就是由电源 & 总线分接模块供电。每个电源 & 总线分接模块可以给 4 个 CRM-QD/4J 型或 CRM-QD/6J 型集中驱动器供电，要根据实际选配的集中驱动器的型号和数量，决定电源 & 总线分接模块的配置数量）。

（3）额定工作电流：

1）CRM-QD/4K 型的额定工作电流为 55mA；

2）CRM-QD/4J 型的额定工作电流为 220mA；

3）CRM-QD/6J 型的额定工作电流为 300mA。

（4）外观尺寸

1）CRM-QD/4K：145mm×100mm×70mm；

2）CRM-QD/4J、CRM-QD/6J：73mm×100mm×70mm。

（5）安装方式：安装于强电箱内，采用标准卡轨式安装。

5.5.2　集中驱动器的安装与接线

1. 集中驱动器的安装

集中驱动器采用标准卡轨式安装，每个可以提供 4～6 路驱动输出（驱动对象包括灯光、电器、电控锁、电动窗帘、中央空调、新风系统、地暖等）。集中驱动器还具有三路或六路干接点输入接口，可以接入任何第三方的普通开关面板，使普通开关面板发挥智能控制面板的功效；同时，集中驱动器还具有输出旁路应急手动操作和产品故障自诊断指示功能。

在集中驱动器的标签盖板下有一排应急手动按键，允许用户通过各个应急手动按键，强制启动对应的灯光或电器。应急手动按键也可以起到辅助调试的作用，比如接完各路负载的线，在系统尚未联网运行或驱动器自身尚未送工作电源的情况下，可以通过应急手动按键开、关对应的负载（当然，前提条件是负载的电源是正常的），以判断接线是否正常以及确定负载的名称和安装位置。

集中驱动器通过通信总线接受多功能面板的控制，使得多功能面板无需再带高压驱动模块，只需通过管理软件来定义多功能面板各界面的控制对象即可，实现面板操作和高压驱动的完全分离，达到规范强电布线、使用安全和方便日后维护的目的。

2. 六路集中驱动器（CRM-QD/6J）接线方法

（1）六路集中驱动器（CRM-QD/6J）控制灯光/电器、电控锁或地暖时的接线图，如图 5-38 所示。

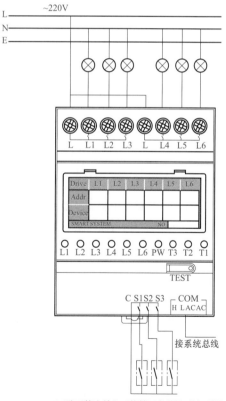

图 5-38　六路集中驱动器控制灯光/电器、电控锁或地暖时的接线图

（2）六路集中驱动器（CRM-QD/6J）控制电动窗帘时的接线图，如图 5-39 所示。

（3）六路集中驱动器（CRM-QD/6J）控制新风时的接线图，如图 5-40 所示。

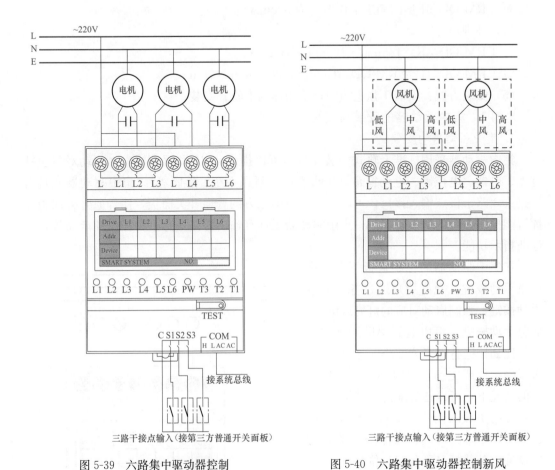

图 5-39　六路集中驱动器控制　　　　图 5-40　六路集中驱动器控制新风
电动窗帘时的接线图　　　　　　　　　　时的接线图

（4）六路集中驱动器（CRM-QD/6J）控制中央空调时的接线图，如图 5-41 所示。

3. 四路集中驱动器（CRM-QD/4J）接线方法

（1）四路集中驱动器（CRM-QD/4J）控制灯光/电器、电控锁或地暖时的接线图，如图 5-42 所示。

（2）四路集中驱动器（CRM-QD/4J）控制电动窗帘时的接线图，如图 5-43 所示。

（3）四路集中驱动器控制新风时的接线图，如图 5-44 所示。

4. 四路集中驱动器（CRM-QD/4K）

四路集中驱动器（CRM-QD/4K）控制白炽灯（可调光）时的接线图，如图 5-45 所示。

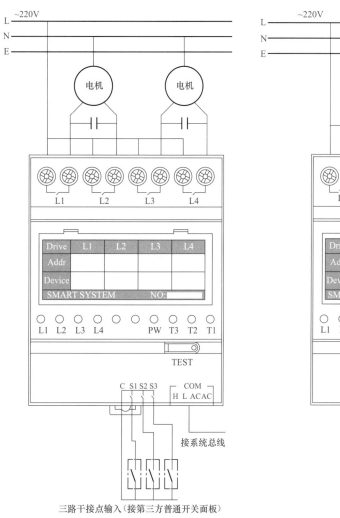

图 5-41 六路集中驱动器控制
中央空调时的接线图

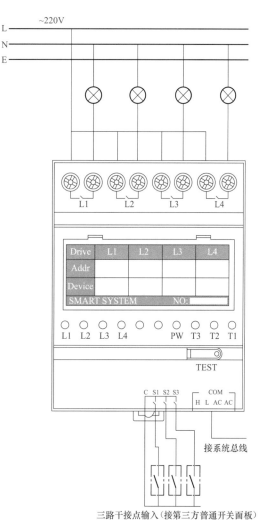

图 5-42 四路集中驱动器控制灯光/电器、
电控锁或地暖时的接线图

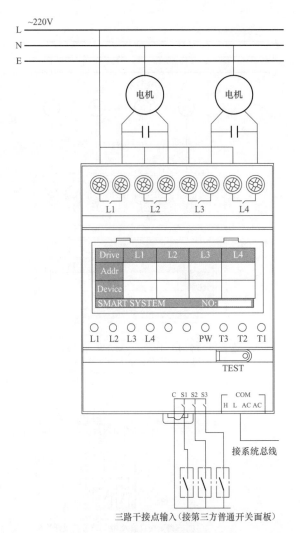

图 5-43 四路集中驱动器控制
电动窗帘时的接线图

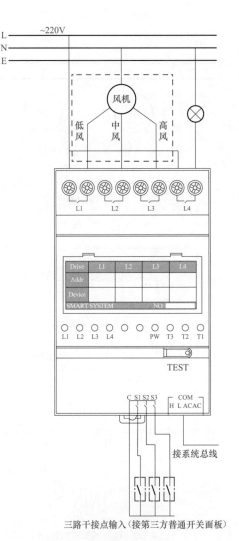

图 5-44 四路集中驱动器
控制新风时的接线图

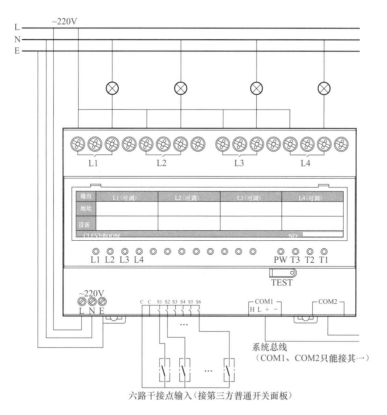

图 5-45 四路集中驱动器控制白炽灯（可调光）时的接线图

5.6 智能转发器

无线红外转发器如图 5-46 所示。它可将 ZigBee 无线信号与红外无线信号关联起来，通过移动智能终端来控制任何使用红外遥控器的设备，例如电视机、空调器、电动窗帘等。

5.6.1 智能转发器的安装要求

智能转发器一般采用吸顶式安装，也可以采用壁挂式安装。如果安装的是集成有人体移动双鉴探头的双功能或三功能智能转发器，则还要遵循以下原则（这样才能可靠地进行防盗监控和照明的自动控制）。

图 5-46 无线红外转发器

（1）应安装在便于监测人活动的地方，探测范围内不得有隔屏、大型盆景或其他隔离物；

（2）应离地面 2.0～2.2m；

（3）远离空调器、电冰箱、电火炉等空气温度变化敏感的地方；

（4）不要直对窗口，否则窗外的热气流扰动、瞬间强光照射以及人员走动会引起误报，有条件的最好把窗帘拉上；也不要安装在有强气流活动的地方。

（5）智能转发器（有四个红外发射头）由固定底座、中间底座和外盖三部分组成，其中固定底座用螺钉固定在天花板上，中间底座通过活扣固定在固定底座上，外盖则扣在中间底座上。

（6）吸顶式智能转发器的安装位置和家电设备（特别注意的是电视机、VCD 或音响设备）的红外接收头不能垂直，至少保证有 45°的夹角，否则可能无法控制家电设备。

智能转发器吸顶式安装示意图如图 5-47 所示。

智能转发器吸顶式接线示意图如图 5-48 所示。吸顶式智能转发器只有一个通信总线接口 COM（8P8C），将水晶头插入 COM 口即可。

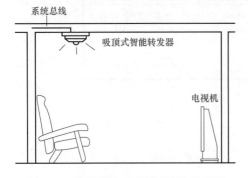
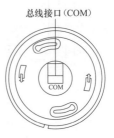

图 5-47　智能转发器吸顶式安装示意图　　图 5-48　智能转发器吸顶式接线示意图

5.6.2　智能转发器的技术参数

（1）人体探测角度：在 90°以内。

（2）人体探测距离：＜5m。

（3）红外转发角度：不大于 120°。

（4）红外转发遥控距离：不大于 8m。

第**6**章

智能家居系统网络控制部件的安装

> 📍 **重点内容：**智能家居无线系统网络部件安装比较简单，但必须按使用说明书的安装步骤进行，本章主要介绍智能家居无线系统的主要网络部件的接线。

6.1 电脑网络控制器

电脑网络控制器具备"TCP/IP"网络连接功能，它提供 RJ45 网口直接与局域网的路由器、交换机（Switch）或集线器（HUB）连接。这样，局域网上的任何一台电脑均可与电脑网络控制器进行通信，从而控制家居系统中的任何设备。如果宽带路由器对电脑网络控制器的 IP 地址进行端口映射（即路由器虚拟服务器设置），家里的电脑无需开机，用户也可以通过互联网远程控制家居系统中的任何设备。

6.1.1 电脑网络控制器的技术参数

（1）型号：CRM-PC20（墙装式）、CRM-PC/M（模块式，安装于弱电箱内，占用 1U 模块位）。

（2）工作电源：AC12V。

（3）工作电流：$\leqslant$50mA。

（4）系统通信速率：20Kbit/s。

（5）PC 通信速率：19200bit/s。

（6）外观尺寸（墙装式）：86mm×86mm×31mm。

（7）固定螺钉孔距（墙装式）：60.3mm（底盒深$\geqslant$45mm）。

6.1.2 电脑网络控制器的接线

图 6-1 所示为电脑网络控制器（墙装式）背面接线图，图 6-2 所示为电脑网络控制器（墙装式）面板。

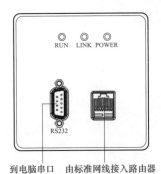

图 6-1　电脑网络控制器
（墙装式）背面接线图

图 6-2　电脑网络控制器
（墙装式）面板

> **警告：** 系统总线只能接入 COM 口。禁止接入 LAN 口，否则会损坏设备。

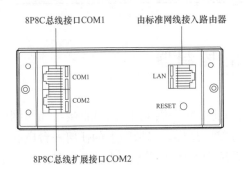

图 6-3　电脑网络控制器模块背面接线示意图

　　墙装式电脑网络控制器采用标准 86 底盒安装方式，由 COM 口接入系统总线。它既可以连接电脑的串口，也可以连接宽带路由器、交换机或 HUB。当连接宽带路由器、交换机或 HUB 时，既可以通过正面的网口连接，也可以通过背面的 LAN 网口连接，两者选其一即可。

　　图 6-3 所示为电脑网络控制器模块（安装于弱电箱内）背面接线示意图。

> **警告：** 系统总线只能接入 COM1 口或 COM2 口，禁止接入 LAN 口，否则会损坏设备。电脑网络控制器模块安装于弱电箱内，由 COM1 或 COM2 接入系统总线。它占用 IU 模块位，通过 LAN 口连接宽带路由器、交换机或 HUB。

6.2　电话远程控制器

6.2.1　电话远程控制器的功能与技术参数

1. 电话远程控制器的主要功能

　　电话远程控制器是远程电源控制器中的一种，分两个部分：主控器和分控器。主控器通过外线电话拨入，通过语音提示、密码输入，验明主人身份后进入受控状态；分控器通过地址方式接收来自主控器的信号，并进行电器的通断操作。图 6-4 所示为电话远程控制器。

　　电话远程控制器是通过远程电话语音提示来控制远程电器的电源开关，具有工作稳定、控制可靠的特点。

　　2. 电话远程控制器的技术参数

　　(1) 型号：CRM-DH20（墙装式）、CRM-DH/M（模块式安装于弱电箱，占用 1U 模块位）。

　　(2) 工作电源：AC12V。

图 6-4　电话远程控制器

　　(3) 静态工作电流：≤50mA。

　　(4) 系统通信速率：20Kbit/s。

　　(5) PC 通信速率：19200bit/s。

　　(6) 外观尺寸（墙装式）：86mm×86mm×31mm。

　　(7) 固定螺钉孔距（墙装式）：60.3mm（底盒深≥45mm）。

6.2.2　电话远程控制器的安装连接与操作

　　1. 安装连接（HH501 型电话远程控制器）

　　(1) 用电话远程控制器与电话机相连接，即将电话线的插头插入相应的孔中。

　　(2) 电器设备的电源插头插入 HH501 型电话远程控制器面板上的输出电源插座中，共有 1、2、3 三个插座，即同时可远程操作三台设备。

　　(3) 接通电话远程控制器的电源，连接完毕，等待操作。

　　2. 远程操作（HH501 型电话远程控制器）

　　(1) 用固定电话或手机拨通与电话远程控制器相连接的电话。铃响五次后将出现提示音"请输入密码"；通过固定电话或手机上的键盘拨入六位密码，按#号结束。

　　(2) 接着又出现提示音"请输入设备号"（指 1、2、3 三个电源插座上的电器设备），如操作 1 插座上的设备就拨 1#，同样 2 插座拨 2#，3 插座拨 3#。

　　(3) 再出现提示音"0 通电、1 断电、2 查询"。例如，拨"0"该插座通电，同时相应的指示灯燃亮；拨"1"原通电状态将断电，同时指示灯熄灭；拨"2"语音提示，该插座当前是"通电状态"还是"断电状态"。

　　(4) 当操作正确无误时，会听到"操作成功"的语音提示，并出现"请输入设备号"的新一轮的语音提示，以便继续操作。

　　1) 当操作完成后，滞留 25s，系统会自动挂机结束操作。

　　2) 随时都可以按步骤拨"2"以查询插座的工作状态。

　　3. 本地操作（HH501 型电话远程控制器）

　　(1) 将电话摘机。

　　(2) 按一下电话远程控制器右侧的本控按钮；马上听到提示音"请输入设备号"；输入"1#"或"2#"或"3#"；提示音"0 通电、1 断电、2 查询"；输入"0"或"1"或"2"；以零离距离操作三个设备的通、断状态，也可看相应插座的指示灯亮、灭，以判断相应的插座是通电状态还是断电状态。操作结束后，又将听到提示音"请输入设备号"以进行下一轮操作，直到操作完全结束。

4. 参数设置

(1) 在提示音"请输入设备号"后，输入"＊#"表示参数设置。

(2) 在命令格式下可修改密码（6 位）、修改拨入响铃次数（01～99 次）、修改自动挂机时间（5～25s）。

应用指导：（1）HH501 型电话远程控制器面板上的每个输出电源插座的功耗为 1100VA，而电话远程控制器的总输出功耗为 2200VA。

（2）HH501 型电话远程控制器不影响电话机的正常使用。

6.2.3　典型电话远程控制器的接线

1. 主要功能介绍（HH501 型电话远程控制器）

(1) 铁外壳设计，可防止强电磁干扰，是工业应用级产品。

(2) 真人语音提示并引导操作："请输入密码"—"请输入设备号—开、关—……"。

(3) 可随时查询输出口的工作状态，由专设语音应答。

(4) 主控器和分控器设计成一体，使安装和使用非常简便。

(5) 设有本控开关，可利用与它连接的电话机进行本地操作。

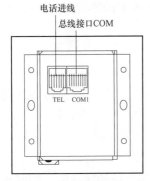

图 6-5　电话远程控制器（墙装式）背面接线示意图

(6) 对电话机的正常使用不产生任何影响。

(7) 设有"外线"、"电话"两个 RJ11 口，电话外线插入"外线"口，电话机线插入"电话"口，就完成了与电话机的连接。

(8) 利用一根电话线可设计成几十路操作，当需要时可为用户提供专门设计。

2. 电话远程控制器的接线

图 6-5 所示为电话远程控制器（墙装式）背面接线示意图；图 6-6 所示为电话远程控制器（墙装式）正面接线示意图，图 6-7 所示为电话远程控制器模块（安装于弱电箱内）背面接线图。

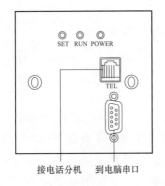

图 6-6　电话远程控制器（墙装式）正面接线示意图

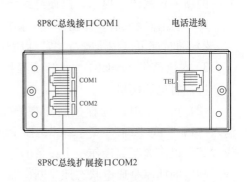

图 6-7　电话远程控制器模块背面接线图

6.3　短　信　控　制　器

6.3.1　短信控制器的功能和技术参数

1. 短信控制器的功能

（1）可最多存储 5 组管理员号码。

（2）短信或振铃方式控制电器设备的通断。

（3）实时检测开关量变化，达到限定值给管理员报警。通过各种传感器，可实现温湿度、红外、烟雾报警。

（4）可输入 0～5V、4～20mA 范围信号，定时上报电压、电流值给管理员手机。管理员亦可实时查询当前电压、电流值。

（5）内有时钟芯片，可实现定时开关、定时上传外部检测数据。

（6）根据用户需要，可实现各种报警联动功能。

（7）可远程控制最多 6 路电器回路。

2. 短信控制器的技术参数

（1）型号：CRM-DX20（内置 GSM 手机模块）、CRM-DX20/C（内置 CDMA 手机模块）。

（2）工作电源：AC12V。

（3）静态工作电流：≤50mA。

（4）系统通信速率：20Kbit/s。

（5）PC 通信速率：19200bit/s。

（6）外观尺寸：86mm×86mm×31mm（铝合金拉丝面板）。

（7）固定螺钉孔距：60.3mm（底盒深≥45mm）。

短信控制器外形图如图 6-8 所示。

6.3.2　短信控制器的接线

短信控制器背面的 COM1 口为通信总线接口（8P8C），COM2 为通信总线扩展接口（8P8C），将总线水晶头插入其中之一即可连接系统总线；正面有一个标准 RS232 串口通信接口，通过 RS232 线缆连接电脑串口，该串口也是电脑管理软件访问家居系统的接口；侧面有手机卡（SIM 卡）托盘插槽，用牙签或铅笔往下压黄色的小按钮可弹出手机卡托盘，将申请到的手机卡放入托盘，再回推托盘入插槽。

图 6-8　典型短信控制器外形图

图 6-9 所示为短信控制器背面图，图 6-10 所示为短信控制器正面图。

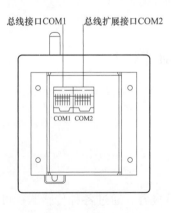

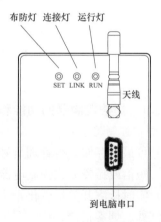

图 6-9 短信控制器背面图   图 6-10 短信控制器正面图

指示灯的工作状态显示：

（1）布防灯：系统处于布防状态时，灯亮；处于撤防状态时，灯灭。

（2）连接灯：手机信号正常时，交替闪烁。

（3）运行灯：系统通信正常时，交替闪烁。

6.4 智能音响报警器

6.4.1 智能音响报警器的安装

吸顶式声音报警器和吸顶式智能转发器一样由固定底座、中间底座和外盖三个部分组成，其中固定底座用螺钉固定在天花板上，中间底座通过活扣固定在固定底座上，外盖则扣在中间底座上。图 6-11 所示为智能音响报警器外形图。

6.4.2 智能音响报警器的接线

吸顶式声音报警器只有一个通信总线接口 COM（8P8C），将水晶头插入 COM 即可。

图 6-12 所示为智能声音报警器背面接线示意图。

图 6-11 智能音响报警器外形图   图 6-12 智能声音报警器背面接线示意图

6.5　日程管理器

6.5.1　日程管理器的作用与技术参数

1. 日程管理器的作用

日程管理器不仅可以制订编辑日程任务，还可以设定提醒功能，大大提高了办公效率。如图 6-13 所示为日程管理器模块。

日程管理在现代人们的办公自动化中起到越来越重要的作用。日程管理就是将每天的工作和事务安排在日期中，并做一个有效的记录，方便管理日常的工作和事务，达到工作备忘或提醒的目的；同时，可以查看节假日、农历、生日等。

2. 日程管理器的技术规格

（1）型号：CRM-RC20/C（墙装式）、CRM-RC20/M（模块式——安装于弱电箱内，占用 1U 模块位）。

（2）外观尺寸（墙装式）：86mm×86mm×35mm。

（3）固定螺钉孔距（墙装式）：60.3mm（底盒深≥45mm）。

图 6-13　日程管理模块

6.5.2　日程管理器模块的接线

日程管理器有两个通信总线接口：COM1 为固定的通信总线接口（8P8C），COM2 为扩展通信总线接口（8P8C）。将水晶头插入任一通信总线接口即可。

图 6-14 所示为日程管理器（墙装式）背面接线示意图，图 6-15 所示为日程管理器模块（安装于弱电箱内）背面接线示意图。

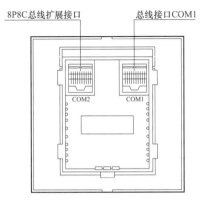

图 6-14　日程管理器（墙装式）
背面接线示意图

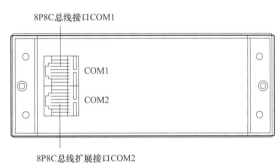

图 6-15　日程管理器模块（安装于
弱电箱内）背面接线示意图

6.6 音视频交换机系统

音视频共享系统，使用一套数字电视机顶盒、DVD/VCD、卫星电视及摄像头等设备就能在任何房间的电视机上随心所欲地观看这些设备的节目，既可以在不同的房间观看不同的节目，又可以同时共享同一节目。

6.6.1 音视频交换机的特点

（1）特别适用于拥有多台电视机的家庭、单位及餐饮娱乐场所。

（2）适用于各种节目源：数字机顶盒、卫星接收机、IP 机顶盒、DVD 等。

（3）3 路节目源输入，3/4 路节目源输出，无阻塞交换。

（4）具备对各节目源的遥控功能。

（5）环保，低功耗。

（6）信号格式：

1）视频：全制式复合视频信号（NTSC/PAL/SECAM）。

2）音频：模拟立体声。

（7）音视频共享八进八出设备，外形尺寸为 430 宽×250 深×45 高（mm）。

（8）主机规格四路音视频（AV）输入。

（9）四路视频（Video）输入。

（10）八路音视频输出。

（11）外设配置一个转发器。

（12）二个接收盒。

（13）三个遥控器。

（14）四个 AV 面板。

（15）增选配件（专用）接收盒、遥控器、（通用）AV 面板、AV 线、数据面。

图 6-16 所示为音视频交换机，图 6-17 所示为音视频交换机背面。

图 6-16 音视频交换机

6.6.2 音视频交换机的安装接线

典型科力屋音视频交换共享系统的安装敷线图如图 6-18 所示。

关于音视频交换机背面左上角两组立体声音频输出端的说明如下：

（1）第一音源扩展输出：第一组输出是与第一音源直接并联输出，应用在用户想将第一音源送入音视频交换机又想将该音源送到其他视放设备时使用。

（2）第一通道无功放输出：第二组输出是第一声音输出通道的无功放输出，便于用户使用自己的功放设备。

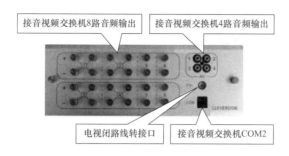

图 6-17　音视频交换机背面

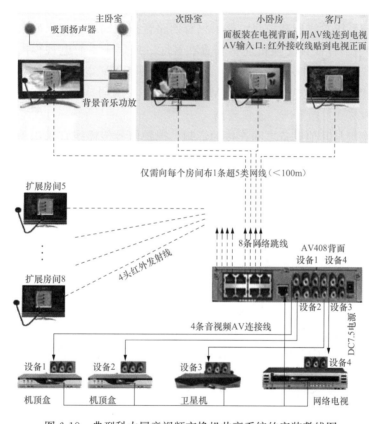

图 6-18　典型科力屋音视频交换机共享系统的安装敷线图

⚙ **注意事项：** 音视频交换机集成高保真功放阵列，要求用户自购的音箱（喇叭）必须是不带功放的；另外，购买的音频线必须是带屏蔽的。

注：每个声音通道最大输出功率为 15W。

音视频输入采用标准音视频线由 VCD 或其他音视频源输入，最多只能输入 4 路音源和 4 路视频；音视频交换机的第三路音源具备 MP3 播放功能，可以通过 USB 接口插入 U 盘作为第三路 MP3 音源；第四路音源输入默认为内置调频 FM 收音音源，因此第四路不要再外接音源（除非当地无法收听 FM 电台）。

6.6.3　音视频交换机的安装指导

如果所处的地方比较偏僻，无法收听 FM 电台，可用金属导线延长收音天线以提高收音信号强度。视频输出采用标准屏蔽视频线缆，音频输出采用标准音箱线缆由端子输出。第 1 路音视频输出建议接音视频交换机所在房间的音箱和电视机，这样智能遥控器对准音视频交换机可以不用选择地址就可以直接操作第一路的音视频。

辅助插座可以接入音源设备的电源（如 DVD 机等），当任何一路音频工作时，辅助插座都将输出 AC220V 电源，保证音源设备的自动供电；当所有音频都没有输出时，辅助插座延时 32s 自动关断。总线接口 COM1、COM2 均可以接入总线分接器，再扩展至各开关或直接与系统总线连在一起。如果只有四路音视频输出，则只能对应接入音视频的 1～4 输出端子。音视频交换机通常安置在客厅（或娱乐室）电视柜内，就近与各类音视频源（DVD/VCD/CD）放在一处。音视频交换机 220V 电源输入必须接入地线，可以有效避免干扰。保险管规格为 AC220V/5A。

1. 音箱（喇叭）、音箱线、音视频线

音视频交换机与其他设备之间连接的音频、视频信号传输线宜采用带镀金接插头的成品高质量无氧铜 OFC 视频线，有 1、1.5、2m 等不同长度选择。音视频交换机音频输出与墙面接线盒之间的音频信号接线采用无氧铜 OFC 音箱线通过接线端子相连。

2. 音箱（喇叭）的安装

音视频交换机集成高保真功放阵列，设计为定阻功率放大，设计的外接喇叭阻抗最小为 4Ω，最大为 8Ω（提倡），额定功率为 15W（基于市电电压 AC220V 的条件下）。实际上，根据当地市电电压的差异，每路功放最大功率输出范围为 15～20W。

为了能使音响效果更好地展现出来，在此建议：

（1）对于小户型的住宅，埋墙敷设线路不长的，可选择额定功率为 20W、阻抗为 8Ω 的喇叭；不提倡选择 4Ω 喇叭，因为过低输出阻抗易造成功放的热负荷增加。

（2）对于大户型的住宅，音视频交换机所在房间或相距不远的房间可选择额定功率为 20W、阻抗为 8Ω 的喇叭；其他距离较远的房间，为了减小线路阻抗带来的影响，可选择额定功率为 20W、阻抗为 4Ω 的喇叭。当然，如果用户考虑每通道要并接两个喇叭，则选择的喇叭阻抗不能小于 8Ω（每个通道最多只能并接两个 8Ω 阻抗的喇叭）。

（3）对于不慎买了定压吸顶喇叭或者定压木质壁挂喇叭，需要按如下原则进行改装：很多吸顶喇叭设计有定压输入端子和定阻输入端子，接线时选择定阻输入端子即可；对于没有定阻输入端子的定压喇叭，先把隔离变压器去掉，再把功放线直接接入喇叭即可。

> **提示：** 吸顶喇叭对于美观的装修来说比较合适，但由于其厚度薄、音腔小，用于欣赏高保真音乐是不太合适的。

3. 音箱线安装

音视频交换机每路功放在输出最大功率时，电流峰值可达 2A。为了减小线路阻抗产生的功率损耗以及对音质的影响，用户应从长远考虑选购质量好的无氧铜 OFC 音箱线（俗称

金银线），线径越粗越好（当然较粗线径的音箱线给布线装修会造成较大的困难）。

6.7　网络摄像机

网络摄像机又称 IPCAMERA（简称 IPC），由网络编码模块和模拟摄像机组合而成。网络编码模块将模拟摄像机采集到的模拟视频信号编码压缩成数字信号，从而可以直接接入网络交换及路由设备。网络摄像机内置一个嵌入式芯片，采用嵌入式实时操作系统。

网络摄像机是传统摄像机与网络视频技术相结合的新一代产品。摄像机传送来的视频信号数字化后由高效压缩芯片压缩，通过网络总线传送到 Web 服务器。网络用户可以直接用浏览器观看 Web 服务器上的摄像机图像，授权用户还可以控制摄像机云台镜头的动作或对系统配置进行操作。

网络摄像机能更简单地实现监控（特别是远程监控）、更简单地施工和维护、更好地支持音频、更好地支持报警联动、更灵活地录像存储、更丰富的产品选择、更高清的视频效果和更完美的监控管理。另外，IPC 支持 WiFi 无线接入、3G 接入、POE 供电（网络供电）和光纤接入。

网络摄像机是基于网络传输的数字化设备，网络摄像机除了具有普通复合视频信号输出接口 BNC 外，还有网络输出接口，可直接将摄像机接入本地局域网，如图 6-19 所示。

图 6-19　IP 网络摄像机

如图 6-20 所示为 IP 网络摄像各功能接口。

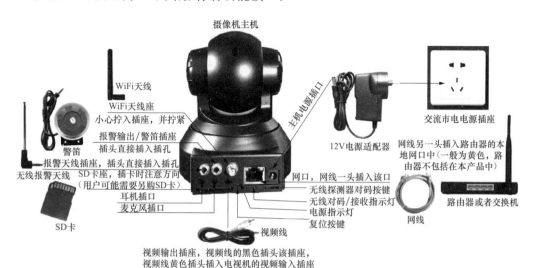

图 6-20　IP 网络摄像机各功能接口

（1）将网线的一端插入 RJ45 网络接口，另一端连接交换机或 HUB 等。

（2）将电源变压器插上 220V 电源后，另一端插入 IP 网络摄像机的电源接口。

（3）如果要选择 SD 卡进行存储，要首先将 SD 卡插入 SD 插孔，再连接网线和电源。

（4）如果需要固定到支架上，要先把支架安装固定好后再把网络摄像机固定到支架上。

6.8 传感器接口模块

6.8.1 传感器接口的特点

例如科力屋智能家居系统，系统允许纳入第三方的传感器以实现系统的报警探测。传感器所探测信号的变化可以引发系统的任何自定义动作（例如，传感器的信号可以作为日程管理器事件的触发条件，也可以作为电话远程控制器语音报警条目的触发条件和短信控制器短信报警条目的触发条件，等等）。

第三方传感器既可以通过多功能面板或智能开关的传感器接口就近接入科力屋系统，也可以通过集中布线的方式通过传感器接口模块接入。

6.8.2 传感器接口模块的接线

传感器接口模块提供八路接口，可以外接 8 路传感器信号，每一路均可独立编址（编址信息包括安装地址以及传感器类型。注：接口必须编址方可正常使用；对未使用的接口，应清除该路接口的编址），并可以根据实际的触点进行"常开"/"常闭"的选择。系统中可以安装多个传感器接口模块，管理软件会自动识别。图 6-21 所示传感器接口模块背面接线图。

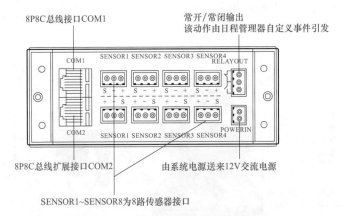

图 6-21 传感器接口模块背面接线图

传感器接口三个接线端子介绍：大于 1W 的传感器需外接电源，传感器信号接入"S、—"端即可；小于 1W 的传感器由模块供电，"S"端接入传感器信号，"＋、—"端给传感器供电

> 操作提示： 如果有多个小于 1W 的传感器都由模块供电，为确保模块供电充足，应在"POWERIN"端接入由系统电源送来的 12V 交流电源。

6.8.3 第三方传感器（或干接点）接口定义

如用户需要接入第三方传感器或干接点可事先说明，订购带传感器接口的多功能面板、智能开关或传感器接口模块；另外，多功能探测转发器也可以接入第三方传感器或干接点。多功能面板和智能开关的传感器接口采用6P4C（RJ11）接口，其接线方法如图6-22所示。

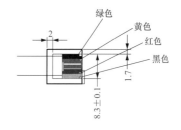

图6-22 6P4C传感器水晶头接线

6P4C传感器水晶头引脚定义如下：

引脚1——电源。

引脚2——电源+12V。

引脚3——对于多功能面板的传感器接口，该端可以接任何类型的传感器或干接点信号；而对于智能开关的传感器接口，该端接人体移动传感器或门窗（即幕帘、门磁）传感器或其他非安防传感器。

引脚4——对于多功能面板的传感器接口，该端可以接任何类型的传感器或干接点信号；而对于智能开关的传感器接口，该端接燃气传感器或烟气传感器或其他非安防传感器。

> **操作提示1：** 对智能开关外接的第三方传感器，不管接的是常开触点还是常闭触点，如果发现动作相反，无需再改动线路，通过管理软件设置之后就可以纠正过来。

> **操作提示2：** 对于多功能面板的传感器接口，通过干接点事件设置功能，不仅可以纳入第三方的传感器，而且可以纳入传统的普通开关面板，让普通开关面板在系统中发挥智能控制面板的作用。

6.9 安 防 传 感 器

6.9.1 燃气/烟气传感器的接线

燃气/烟气传感器可安装在厨房等易发生燃气泄漏或火灾的地方，以便可靠地检测。燃气/烟气传感器的接线示意图如图6-23所示（NO为常开触点，短接线需用户自己短接）。

> **提示：** 仔细查阅该传感器的说明书，如果传感器的工作电流大于60mA，则需要外接工作电源或购买自带电源的传感器。需外接工作电源的燃气/烟气传感器接线示意图如图6-24所示（NO为常开触点）。

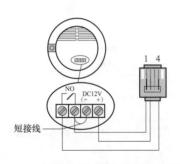 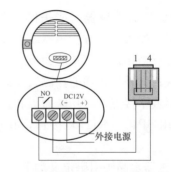

图 6-23　燃气/烟气传感器接线示意图　图 6-24　需外接工作电源的燃气/烟气传感器接线示意图

6.9.2　门磁传感器的接线

门磁传感器适合安装于门窗上，用于探测门窗是否关好。门磁传感器接线示意图如图 6-25 所示（NC 为常闭触点）。

6.9.3　幕帘传感器的接线

幕帘传感器适合门、窗及阳台保护之红外探头，用于防盗监控。幕帘传感器接线示意图如图 6-26 所示（NC 为常闭触点，短接线需用户自己短接）。

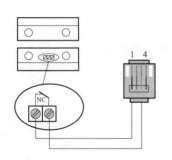 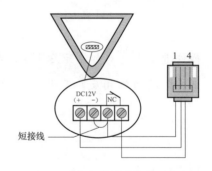

图 6-25　门磁传感器接线示意图　　　图 6-26　幕帘传感器接线示意图

提示：　仔细查阅该传感器的说明书，如果传感器的工作电流大于 60mA，则需要外接工作电源或购买自带电源的传感器。

6.9.4　人体移动传感器的接线

如果用户选用第三方的人体移动传感器用于防盗监控，则要求接线示意图如图 6-27 所示（NO 为常开触点，短接线需用户自己短接）。

提示：　应仔细查阅该传感器的说明书，如果传感器的工作电流大于 60mA，则需要外接工作电源或购买自带电源的传感器。

6.9.5　其他安防传感器的接线

用户还可以把第三方厂家生产的其他传感器（如温度传感器、湿度传感器、压力传感器、流量传感器、液位传感器、亮度传感器、响度传感器、电压传感器、电流传感器、门铃传感器等）的触发信号接入多功能面板、智能开关或传感器接口模块的传感器接口；但需要在电脑管理软件的【多功能面板界面及参数设置】【智能开关、插座参数设置】【传感器接口模块设置】界面设定接入传感器的对应类型。用户可以设定其他传感器的信号作为逻辑模块的事件触发信号源，从而引发所设定的事件动作，达到自动控制的目的。如温度传感器发出温度过高信号时，通过逻辑模块设定自动打开房间的空调器；反之，也可以设定温度传感器发出温度过低信号时自动关闭空调。

其他传感器接线图如图 6-28 所示（NO 为常开触点，水晶头的"3"号线接入下限报警信号，水晶头的"4"号线接入上限报警信号；如没有高低报警判断，该报警信号接入水晶头的"3"号线即可（短接线需用户自己短接）。

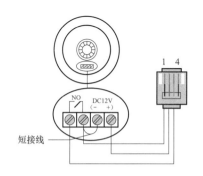
图 6-27　第三方人体移动传感器接线示意图

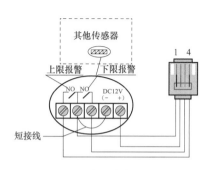
图 6-28　其他传感器接线图

提示：　仔细查阅该传感器的说明书，如果传感器的工作电流大于 60mA，则需要外接工作电源或购买自带电源的传感器。需外接工作电源的其他传感器接线示意图如图 6-29 所示。

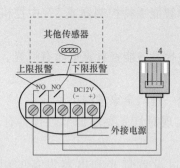
图 6-29　需外接工作电源的其他传感器接线示意图

第 **7** 章

典型智能家居控制系统的组成与调试

> **重点内容：** 本章例介绍 TC-V8 智能家居手持控制器的使用操作和功能调试。

7.1 典型 TC-V8 智能家居电器控制系统概述

7.1.1 系统的功能与特点

TC-V8 智能家居电器控制系统是在传统可视对讲的基础上融入了无线电通信技术、嵌入式单片机控制技术与低功耗技术为一体的智能化系统。该系统实现了对家居电器的实时监控和家居的安防报警。

TC-V8 智能家居电器控制系统的特点如下。

（1）随时随地控制：配合智能手持控制器或 V8 中控机，能在家中随时随地控制全屋灯光和电器。

（2）双向显示功能：在主控设备能查看家里所有灯光、电器工作状态，且终端设备有状态指示。

（3）全开全关功能：轻松一键，全家掌控。

（4）灯光调节功能：可实现对灯光亮度调节，且具有记忆功能，营造气氛、省电节能。

（5）场景控制模式：通过设置灯光和电器设备的组合，实现自定义一键场景功能。

（6）定时控制功能：可预设每天定时控制任何灯光、电器的开和关。

（7）简单红外学习遥控：通过学习电视红外遥控器，可以直接遥控电视机的频道、音量。

（8）远程监控功能：配合无线智能网络控制器或 V8 中控机更能通过手机或计算机上网，通过 Internet 随时随地了解家中的实时情况，并智能管理全家灯光和电器。

7.1.2　系统的组成

（1）系统主要由两种设备组成，分别是主控设备和终端设备。

1）主控设备：智能手持控制器、V8 中控机、无线智能网络控制器等控制设备。

2）终端设备：无线智能灯控开关、调光开关、空调开关、插座等受控设备。

（2）主控设备和终端设备的相互通信使用一个统一的系统标识码构成一个独立的工作系统。

1）系统标识码：4 位系统码＋4 位系统附加密码，系统内所有主控设备和终端设备都需要注册统一的系统标识码，每个独立的系统都有与其他系统不同的系统标识码。

2）一个系统中每个终端设备的每个控制单元都有唯一的"单元码"。

7.1.3　系统器材的命名规则

1. 产品命名规则

如图 7-1 所示，产品命名规则由五部分组成。各系列系统功能参阅 TC-V8 智能系统器材名称列表。

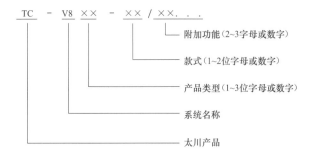

图 7-1　产品命名规则

2. TC-V8 智能家居系统器材名称列表

TC-V8 智能家居系统器材名称见表 7-1。

表 7-1　　　　　　　　　　　TC-V8 智能家居系统器材名称

序号	名称	规格型号	说　　明	备注
1	智能手持控制器	TC-V8SK-A	2 节 7 号碱性电池供电	
2	无线智能灯控开关	TC-V8DK-A	/01 为一路，/02 为二路，/03 为三路	两线方式
3	无线智能调光开关	TC-V8TG-A	/01 为一路，/02 为二路，/03 为三路	两线方式
4	无线智能空调开关	TC-V8BK-A/HW	/HW 为红外功能	两线方式
5	无线智能控制插座	TC-V8CZ-A		两线方式
6	无线智能电动窗帘控制器	TC-V8CL-A	根据需要订购：窗帘导轨和 M301 副驱动器	两线方式
7	无线红外报警器	TC-V8HW-A	外部提供 DC12V	
8	无线瓦斯报警器	TC-V8WS-A	外部提供 DC12V	
9	无线通用报警器	TC-V8TY-A	安装 T86 盒/市电供电	两线方式
10	无线紧急按钮	TC-V8JJ-A	安装 T86 盒/2 节 7 号碱性电池供电	
11	无线智能网络控制器	TC-V8WL-A	下载电器配置表/外部提供 DC12V	研发中

7.2 智能手持控制器不同控制方式的设置

7.2.1 智能手持控制器的操作

V8 智能手持控制器是采用无线双向传输、MCU 智能控制等技术开发的控制设备，配合配套的 V8 智能家居终端设备实现家居电器的集中控制、定时控制和安防设备的快捷管理；另外，具备简单的红外学习功能，可以直接进行电视频道/音量的调节等。

1. V8 智能手持控制器的功能

（1）V8 智能手持控制器采用电池供电，无需任何连线可以任意移动，隔墙控制。

（2）支持 9 层，每层 11 个房间，每个房间 10 个设备，支持多达 990 个设备的控制，一个家居内可以配备多个 V8 智能手持控制器。

（3）990 个单元移动控制，超大屏大字体显示，在一个界面就可以控制 990 个单元，能实现未用单元的隐藏功能。

（4）多个快捷键和多种快捷组合轻松实现单元快速定位、快捷键功能（如开锁、求救、布防、撤防等）。

2. V8 智能手持控制器的功能键说明

（1）智能手持控制器功能键说明如图 7-2 所示。

（2）智能手持控制器屏幕功能显示说明如图 7-3 所示。

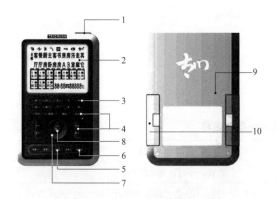

图 7-2 智能手持控制器功能键

1—红外窗；2—液晶显示屏；3—数字快捷按键；
4—功能键；5—全关功能、配合"设置"键实现
全开功能；6—场景按键；7—方向选择键；
8—确认键；9—蜂鸣器；10—电池盖

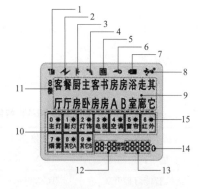

图 7-3 智能手持控制器屏幕功能显示

1—无线信号强度指示；2—无线收发指示；3—红外收
发指示；4—有客人来访；5—设置标志；6—按键锁；
7—电池欠压指示；8—厂家 Logo；9—房间区；10—设备
单元区；11—楼层显示；12—时钟、定时；13—码元区；
14—空调温度显示；15—设备开启指示

7.2.2 智能手持控制器的操控

1. 操作说明

手持控制器参数如下：

（1）电源采用 2 节 7 号碱性电池。

（2）功耗为 $20\mu A$（节电模式）/35mA（操作模式）。

智能手持控制器有自动节电功能，当约 15s 内无操作手持控制器时关闭背光；再约 8s 后无任何操作，则进入节电模式，键盘锁定。节电模式界面如图 7-4 所示。

2. 控制电器

（1）选择设备。选择楼层：单按"楼层"键循环选择设备所在楼层。楼层单元码位置的楼层码会随着改变。

1）选择房间：单按"左键""右键"选择房间。选中的房间会"闪烁"，如图 7-5 所示。

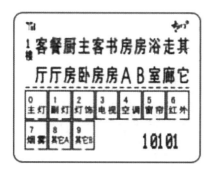

图 7-4　节电模式界面

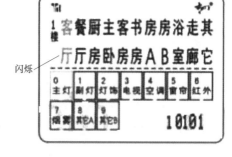

图 7-5　选择房间操作界面

2）选择单元：单按"上键""下键"选择单元。选中单元的"选择框"会闪烁，如图 7-6 所示。

（2）控制设备。选择好设备后，按一下"确认"键，可以改变所选电器的工作状态。

所选电器的图标中间显示则表示电器已工作，没有显示则表示电器没有工作。按"确认"键就可以控制电器的开启或关闭。

快捷控制：按一下数字键"0~9"可以改变当前房间所对应电器的工作状态。例如，按数字键 0，便控制当前房间的主灯的开启或关闭。

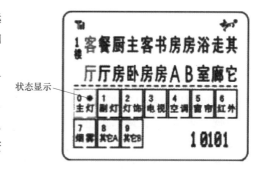

图 7-6　选择单元操作界面

（3）电器调节。

1）灯光亮度调节。通过 V8 智能手持控制器控制灯光的亮度。按方向键选择要控制的单元，选中单元的"选择框"会闪烁。按"确认"键，开启该单元。

按住"上键"不松手，1s 后灯光开始调亮，直到调至最大亮度为止，按住"下键"不松手，1s 后灯光开始调暗，直到调至最小亮度为止。当调至理想亮度时松开"上键"或"下键"，灯光即为所需的亮度。

调光时发出滴滴的声音，可以通过看液晶屏右下方显示数字，如"50"代表现在状态为开 50%，如图 7-7 所示。

2）电动窗帘调节。通过 V8 智能手持控制器控制窗帘的开和关，且可随意调节窗帘的开启度。

按方向键选择要控制的窗帘单元，选中后的窗帘"选择框"会闪烁。

开启和关闭：按"确认"键开启窗帘，窗帘则缓慢打开直至完全开启。在开启的状态下按下"确认"键则可关闭窗帘，窗帘缓慢关闭直至完全关闭。

按住"上键"不松手，1s 后窗帘开始逐近打开，直至完全开启。若调节至理想开关状态松手即可停止开启。

按住"下键"不松手，1s 后窗帘开始逐近关闭，直至完全关闭。

若调节至理想开关状态松手即可停止关闭。可以通过看液晶屏右下方显示数字，如"50"代表现在状态为开 50％。图 7-8 所示为窗帘调节的显示界面。

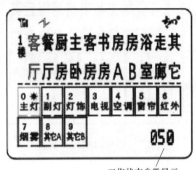

图 7-7　灯光亮度调节操作界面

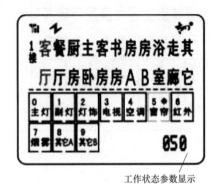

图 7-8　窗帘调节的显示界面

3）电视调节。有智能电视控制器或者智能手持控制器，已经学习电视遥控器的红外码，即可对电视机进行操作。智能手持控制器支持 1～3 楼的"客厅"和"主卧"内的"电视"设备。"上键"、"下键"可调节电视频道＋、－，"左键"、"右键"可调节电视音量大小。

智能手持控制器直接控制电视机的操作方法如下：

① 将"红外窗"对准电视红外接收窗，长按"上键"则电视频道数增加，当调到合适频道时松开"上键"即可。

② 将"红外窗"对准电视红外接收窗，长按"下键"则电视频道数减少，当调到合适频道时松开"下键"即可。

③ 将"红外窗"对准电视红外接收窗，长按"左键"则电视音量增大，当调到合适音量时松开"左键"即可。

④ 将"红外窗"对准电视红外接收窗，长按"右键"则电视音量减小，当调到合适音量时松开"右键"即可。

4）空调开关调节。安装了 V8 智能家居系统的无线智能空调开关，就可以通过 V8 智能手持控制器控制空调器的开和关，且可调节空调器工作温度。

按方向键选择要控制的空调单元，选中后的空调"选择框"会闪烁。

开启和关闭：按"确认"键开启空调器，空调器开启以默认上次关闭的温度值开启。再次按"确认"键可关闭空调器。空调器为开状态时，按住"上键"不松手，空调温度向上调节，若调至理想温度则松手即可；按住"下键"不松手，空调温度向下调节，若调至理想温度则松手即可。可以通过看液晶屏右下方显示数字如"20"代表现在空调器为制冷20℃状态。图7-9所示为空调温度调节显示界面。

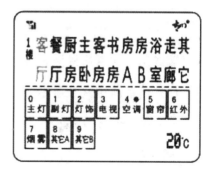

图7-9　空调温度调节显示界面

3. 电器全开全关功能

长按"开/关"按键则关闭当前层所有电气设备；当按"设置"＋"开/关"组合键则打开当前层所有电气设备。（不对安防设备操作，6红外、7烟雾设备不属该操作范围内；其它A、其它B属于电器设备）。

图7-10所示为关闭当前楼层所有电气设备操作显示界面；图7-11所示为开启当前楼层所有电气设备操作显示界面。

图7-10　关闭当前楼层所有
电气设备操作显示界面

图7-11　开启当前楼层所有
电气设备操作显示界面

4. 场景功能

（1）设置场景：把当前层所有房间内的电器设备都处于关闭。

提示：可以通过全关操作实现。

然后把需要设置为场景的（当前层所有房间内）设备打开和调节好设备的状态（例如灯光亮度、空调的温度等），先按下"设置"键不放再按一下"场景X"键，屏幕"信息提示区"闪现"S"指示符，表示完成当前场景

（2）操作场景：单按"场景X"键，当前层的电气设备立即进入预设置的场景X模式。当该场景X所有需要开启的设备有超过半数打开时，则操作场景按键将执行关闭场景X，否则执行打开场景X。

智能手持控制器支持每层最多可设置4个场景，即场景一、场景二、场景三、场景四。

图7-12所示为场景设置显示界面。

闪烁

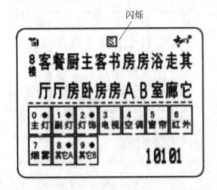

图 7-12　场景设置显示界面

5. 安防设备控制

智能手持控制器仅定义了"6 红外、7 烟雾"为安防设备（7 烟雾设备为常处于布防设备，不支持布防、操作撤防）。智能手持控制器只支持布防、撤防操作，不处理报警信号。按下"设置"键不放再按"布防"按键，当前层的所有安防设备均进入布防状态。按下"设置"键不放再按"撤防"按键，当前层的所有安防设备均进入撤防状态。

紧急求助：按下面板"设置"键不放再按"求助"按键，发出紧急求助信号。

如发生安防设备报警触发或紧急求助情况，将由中控主机处理报警。

6. 客人来访开锁操作

为配套 V8 智能家居系统呼叫对讲功能，V8 智能手持控制器支持"开锁"功能。有 V8 门口机呼叫中控主机时，按下智能手持控制器的"开锁"键，V8 门口机将开锁。

7. 时间设置

（1）时钟时间。该时钟设置好后，可以作为日常电子时钟使用，该时间应与当地时间一致。未设置时，在节电模式下始终为 12：00，如图 7-13 所示。在操作模式下不显示时间，且不走时；当设置时间后，在操作模式下显示时间，同时智能手持控制器的定时控制功能将生效。

注意：更换电池时，应该迅速完成，否则会由于系统掉电时间过长而导致时钟复位需要重新校准。

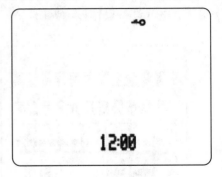

图 7-13　时钟显示

（2）调整时钟时间。同时按下"设置键"和"5"按键 1s 后，进入到时钟配置菜单。待修改的时间闪烁显示，通过"左键"、"右键"选择小时、分钟，然后通过"上键"、"下键"调整时间，按"确定"键完成设置并退出时间设置模式回到操作菜单，长按"设置"键无修改则退出时间设置模式回到操作菜单。

（3）配置设备定时开启和定时关闭的时间。在操作菜单下选择需要设置定时时间的设备，同时按下"设置"键和"6"按键 1s，进入到定时间设置菜单。单按"定时"键切换设置"定时开"或"定时关"的时间，如图 7-14 所示。通过"左键"、"右键"选择小时、分钟，通过"上键"、"下键"调整时间。设置好后按"确定"键完成设置并退出定时时间设置菜单回到操作菜单界面。

长按"设置"键无修改则退出时间设置菜单回到操作菜单。

（4）设置设备定时模式：

1）定时模式包括"无"、"定时开"、"定时关"、"定时开关"。

①"无"：该设备定时不开启。

②"定时开"：该设备仅定时开启，当设备设定开启时间到时设备开启。

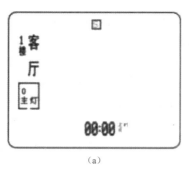

（a）　　　　　　　　　　　（b）

图 7-14　单按"定时"键切换设置"定时开"或"定时关"

（a）定时开；（b）定时关

③"定时关"：该设备仅定时关闭，当设备设定关闭时间到时设备关闭。

④"定时开关"：该设备定时开启和定时关闭。此时需要设定设备定时开启的时间和设备定时关闭的时间两个时间。当设备定时开启的时间到时设备开启，当设备定时关闭的时间到时设备关闭。（若不设置时间，则默认为 00：00。）

2）操作方法：选择需要设置定时的设备，长按"定时"键，听到滴的一声则松手，进入定时模式选择。

单按"定时"键切换定时模式。选定后按"确认"键保存设置并退出定时模式回到操作菜单界面。

未保存前使用方向键选择其他设备将无保存退出该设备定时模式设置。

图 7-15 所示为定时模式选择显示。

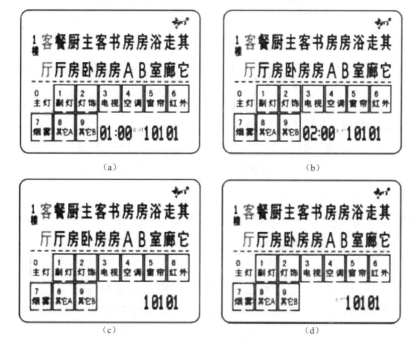

（a）　　　　　　　　　　　（b）

（c）　　　　　　　　　　　（d）

图 7-15　定时模式选择显示

（a）选择定时开启模式；（b）选择定时关闭模式；（c）选择无定时模式；（d）选择定时开关模式

图 7-16　当前设备有定时显示

定时设置查看：选择需要查看定时设置的单元，如该单元设置了定时，在时钟时间右上角会出现"定时"字样。单按"定时"键切换查看"定时开"时间和"定时关"时间。图 7-16 所示为当前设备有定时显示，图 7-17 所示为当前设备定时开/关显示。

说明：

① 若设备只设定定时为"定时开"则只能查看到定时开启的时间。

② 若设备只设定定时为"定时关"则只能查看到定时关闭的时间。

③ 若设备设定定时为"定时开关"则可查看到定时开启和定时关闭的时间。

图 7-17　当前设备定时开/关显示

7.3　智能手持控制器的系统识别

7.3.1　系统配置

系统中设备都可以使用智能手持控制器对其进行系统地址配置。配置其他设备前需要设置好智能手持控制器的系统标识码（系统码和系统附加密码）。

> ⚙ **操作提示：** 配置设备单元时，配置系统标识码和单元码即可（系统附加密码在系统标识码配置时一起注册完毕）。

系统码：出厂默认为 0000。为区别不同用户而设定 4 位编码，一个用户可以使用一个或多个系统标识码，但必须与其他用户不同。在配置时需要统一规划，由专业工程人员配置（用户不要随意更改系统标识码）；

系统附加密码：出厂默认为 0000。为了使系统安全性能得到更大的保证，本系统特为用户提供了 4 位系统附加密码，避免其他用户使用的系统标识码和本系统的系统标识码相同而导致设备被入侵控制。注意，一套系统中只能有同一个系统附加密码，应不要使用简单的系统附加密码（如 1234、0000 等）或将系统附加密码泄露他人。

单元码为：出厂默认为 10101。一个设备单元具有唯一的单元码（一个设备中可能有几个不同的控制单元）。例如："10101"表示设备被设置 1 楼 01 房 01 号设备。

1. 智能手持控制器系统设置

（1）设置系统附加密码：同时按下"设置"键和"8"按键 1s 后，进入到配置菜单。如图 7-18 所示，在"码元"区显示当前的 4 位系统识别码"0000"。

"左键""右键"选择 4 位码元，"上键""下键"设置当前位（闪烁的那一位）。

设置好后，按"确定"键保存设置并返回到操作菜单界面。长按"设置"键无修改返回到操作菜单界面。

（2）设置系统标识码：同时按下"设置"和"0"按键 1s 后，进入到配置菜单。

"左键"、"右键"选择 4 位码元，"上键"、"下键"设置当前位（闪烁的那一位）。

完成系统标识码修改后，按"确定"键保存系统标识码并配置等待配置系统标识码/附加密码的终端设备。长按"设置"键会保存变更的系统标识码并返回到操作界面。

（3）配置设备单元码：同时按下"设置"键和"2"按键 1s 后，进入到配置菜单。如图 7-19 所示，单元码的位置显示"10101"。

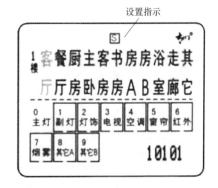

图 7-18　在"码元"区显示当前的 4 位　　　　图 7-19　单元码的位置显示"10101"
　　　　　系统识别码"0000"

选择设备欲配置到智能手持控制器的相应单元，按"确定"键配置等待配置的终端设备。长按"设置"键退出配置回到操作菜单界面。

（4）查询终端设备系统标识码：同时按下"设置"键和"1"按键 1s 后，进入到系统标识码查询界面。图 7-20 所示为查询系统识别码显示。

按"确认"键等待查询的终端设备的系统标识码就显示在手持控制器的界面上，如图 7-25 所示。长按"设置"键可退出系统标识码查询界面回到操作菜单界面。

（5）查询终端设备单元码：同时按下"设置"键和"3"按键 1s 后，进入到单元码查询界面。图 7-21 所示为查询单元码显示。

按下"确认"键，欲被查询终端设备的单元码会显示出来，如图 7-26 中"10101"表示设备被设置在 1 楼 01 房 01 单元。长按"设置"键可退出单元码查询界面，回到操作菜单界面。

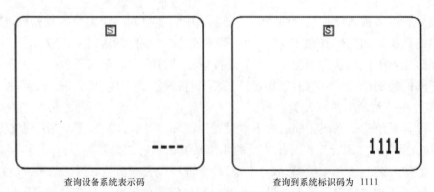

查询设备系统表示码   查询到系统标识码为 1111

图 7-20   查询系统识别码显示

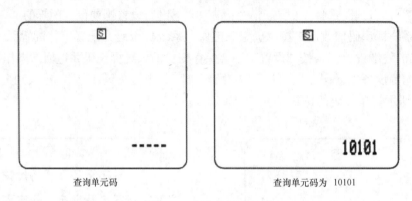

查询单元码   查询单元码为 10101

图 7-21   查询单元码显示

（6）配置设备隐藏：同时按下"设置"键和"4"按键 1s 后，进入到配置菜单界面。图 7-22 所示为设备隐藏菜单显示。

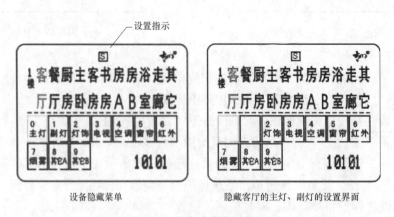

设备隐藏菜单   隐藏客厅的主灯、副灯的设置界面

图 7-22   设备隐藏菜单显示

选择所要隐藏的设备，按"确认"键即可把设备隐藏，再次按"确认"键则取消隐藏。长按"设置"键完成设置后退出回到操作菜单界面。图 7-23 所示为设置设备隐藏后

的操作界面显示。

2. 红外学习功能配置

红外学习功能仅支持 1～3 楼的"客厅"和"主卧"内的"电视"设备。"上键""下键"分别对应电视"频道＋"、"频道－"红外码学习,"左键"、"右键"分别对应电视"音量＋、－"红外码学习。

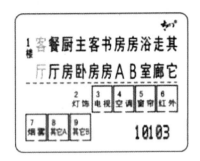

图 7-23　设置设备隐藏后的操作界面显示

(1) 学习操作方法：在正常操作菜单下选择需要学习红外的电视设备,同时按下"设置"键和"7"按键 1s 后,进入到红外码学习菜单,如图 7-24 所示。

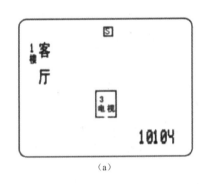
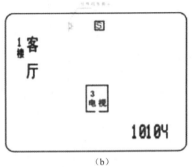

(a)　　　　　　　　　　　　(b)

图 7-24　进入到红外码学习菜单

(a) 红外学习界面；(b) 等待红外学习码

按下"上键","信息提示区"会出现闪烁,提示可以开始学习电视遥控器的"频道＋"红外码了。

(2) 具体操作：将电视遥控器对准手持控制器的红外接收窗,按下"频道＋",若学习成功则停止闪烁,再按"确认"键保存学习到的红外操作码同时消失,也可以通过再按下"上键"重新学习。

按下"下键","信息提示区"会出现闪烁,提示可以开始学习电视遥控器的"频道－"红外码了。

(3) 具体操作：将电视遥控器对准手持控制器的红外接收窗,按下"频道－",若学习成功则停止闪烁,再按"确认"键保存学习到的红外操作码同时消失,也可以通过再按下"下键"重新学习。

按下"左键","信息提示区"会出现闪烁,提示可以开始学习电视遥控器的"音量＋"红外码了。

(4) 具体操作：将电视遥控器对准手持控制器的红外接收窗,按下"音量＋",若学习成功则停止闪烁,再按"确认"键保存学习到的红外操作码同时消失,也可以通过再按下"左键"重新学习。

按下"右键","信息提示区"会出现闪烁,提示可以开始学习电视遥控器的"音量－"

红外码了。

（5）具体操作：将电视遥控器对准手持控制器的红外接收窗，按下"音量－"，若学习成功则停止闪烁，再按"确认"键保存学习到的红外操作码同时消失，也可以通过再按下"右键"重新学习。

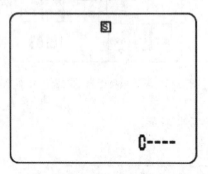

图 7-25　进入到恢复出厂设置菜单

长按"设置"键可回到操作菜单。

（6）恢复出厂设置：同时按下"设置"键和"9"按键 1s 后，进入到恢复出厂设置菜单，如图 7-25 所示。

界面在"码元"区显示"C"及 4 位等待输入初始化密码的"C----"字样。按"上键"、"下键"输入当前位数字，按"左键"、"右键"选择下一位。初始化密码默认为 1234。

输入密码后按"确认"键进入恢复出厂设置处理界面，经过若干秒之后设备完成操作并回到节电模式。

> **操作提示：** 恢复出厂设置后，除了系统标识码及系统标识码的附加密码不被更改之外，场景功能、定时功能、单元隐藏功能、红外学习等功能将全部恢复到出厂默认配置。

> **操作要求：**
>
> （1）移动智能手持控制器及配套受控设备的终端必须使用同一个系统标识码及系统标识码附加密码。
>
> （2）如果用户需要使用"设备定时控制"功能，需要设置时钟和设备定时控制的时间并选择定时模式。
>
> （3）如果"信息提示区"出现"低电"提示，应更换电池，否则会影响正常使用。

7.3.2　无线智能灯控开关

无线智能灯控开关配合智能家居主控设备实现了普通电器的无线遥控控制和智能化控制，能极大地改善人们的日常生活，给人们的生活带来极大的便利，如图 7-26 所示。

1. 功能特点

（1）体积小，安装方便，可直接替代普通开关面板。

（2）实现双重控制，能隔墙无线控制，也能使用面板上按钮进行控制。

（3）停电后再来电处于关闭状态，避免不必要的

图 7-26　无线智能灯控开关

电能浪费。

（4）具有一路、两路面板，分别可接一路、两路负载。

（5）适用家庭居室、酒店等场所。

（6）适用各种灯具（如白炽灯、射灯、节能灯）、各种电扇（如换气扇、排气扇）、各种电器（如电视机）等。

2. 工作参数

（1）单元负载功率：1500W/路。

（2）工作电压：AC220V/50Hz。

3. 安装

图 7-27 所示为无线智能灯控开关接线背面示意图，图 7-28 所示为无线智能灯控开关安装图。

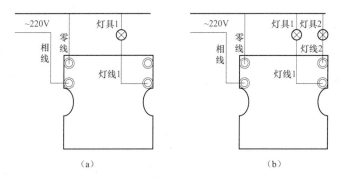

图 7-27　无线智能灯控开关背面接线示意图

（a）一路灯控开关背面接线示意图；（b）两路灯控开关背面接线示意图

安全提示： 设备为市电 220V 供电设备，请按强电安装规范进行安装和拆卸。

图 7-28 说明：N 表示 220V 零线，L 表示 220V 相线，LD1、LD2 分别为两路灯具的相线，两路灯具的零线需和 220V 零线相连。

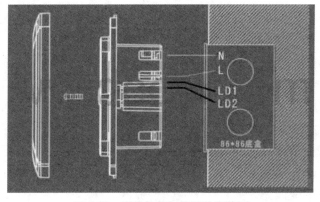

图 7-28　无线智能灯控开关安装图

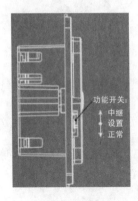

图 7-29　无线智能灯控
开关功能配置图

4. 配置说明

（1）注册模式：将功能开关拨至"设置"挡，进入注册模式。

（2）中继功能：将功能开关拨至"中继"挡，该设备即为本系统带中继功能的设备。

（3）正常工作：将功能开关拨至"正常"挡，设备工作在正常模式。

图 7-29 所示为无线智能灯控开关功能配置。

5. 调试步骤

（1）注册系统标识码及单元码。

1）进入注册模式：把功能开关拨到"设置"挡。

2）注册系统标识码：按任意单元按钮，相应指示灯立即闪烁，表示设备已经进入设置状态。使用主控设备（如智能手持控制器或中控主机）进行注册系统标识码操作，注册成功后指示灯停止闪烁。

3）注册单元码：按下欲配置单元对应按钮，相应指示灯立即闪烁，表示设备已经进入设置状态。使用主控设备（如智能手持控制器或中控主机）进行注册单元码操作，注册成功后指示灯停止闪烁。重复该步骤直到该设备所有单元都被注册了同一楼层不同的单元码为止。

（2）完成注册。把功能开关拨到"正常"挡即可。

⚙ 操作提示：一个设备仅需配置一次"系统标识码"；若设备为多路单元，则每个单元必须配置在同一楼层的不同单元上；同一系统的不同设备不能配置相同的单元码。

（3）根据系统实际需要，如果该设备需要打开中继功能，则功能开关拨到中继挡即可（同一系统中只能有唯一一个带中继功能的设备）。

（4）用智能手持控制器或中控主机无线操作控制测试设备是否正常，主控设备能否显示该设备的状态变化。

（5）直接在该设备的面板按钮上操作测试其是否能正常工作，并能把状态信息反映在主控设备上。

6. 使用操作

（1）按钮操作。在正常模式和带中继模式下，单按面板按钮可切换灯具开、关状态，灯开启时单次按下则对应单元的灯具开启（面板指示灯熄灭），再次按下则对应单元的灯具熄灭（面板指示灯熄灭）。

（2）无线操作。该设备能被无线控制，具体操作参考系统主控设备操作说明。灯被开启时，面板上对应的指示灯熄灭；灯被关闭时，面板上对应的指示灯亮。

7.3.3　无线智能调光开关

无线智能调光开关配合智能家居主控设备，实现了普通电器的无线遥控控制和智能化控制，给人们的生活带来极大的便利，如图 7-30 所示。

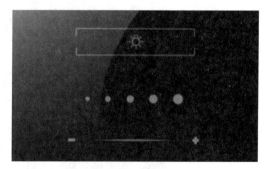

图 7-30　无线智能调光开关

1. 功能特点

（1）体积小，安装方便，可直接替代普通开关面板。

（2）实现双重控制，能隔墙无线控制，也能使用面板上按钮进行控制。

（3）停电后再来电处于关闭状态，避免不必要的电能浪费。

（4）具有一路、两路面板，分别可接一路、两路负载。

（5）适用家庭居室、酒店等场所。

（6）适用各种灯具（如白炽灯、射灯）、各种电扇（如换气扇、排气扇）等。

（7）具有记忆上次开启的亮度功能，避免开启时多次需要调节亮度。

2. 工作参数

（1）单元负载功率：500W/路。

（2）工作电压：AC220V/50Hz。

3. 安装

图 7-31 所示为无线智能调光开关接线图，图 7-32 所示为无线智能调光开关实物接线图。

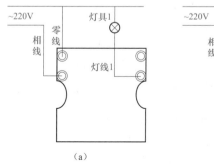
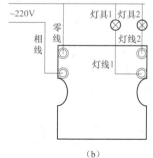

（a）　　　　　　　　　　（b）

图 7-31　无线智能调光开关接线图

a）一路调光开关背面接线示意图；（b）两路调光开关背面接线示意图

> **安全提示：** 设备为市电 220V 供电设备，应按强电安装规范进行安装和拆卸。

图 7-32 说明：N 表示 220V 零线，L 表示 220V 相线，LD1、LD2 分别为两路灯具的相线，两路灯具的零线需和 220V 零线相连。

4. 开关功能

（1）注册模式：将功能开关拨至"设置"挡，进入注册模式。

（2）中继功能：将功能开关拨至"中继"挡，该设备即为本系统带中继功能的设备。

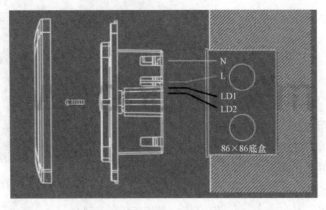

图 7-32　无线智能调光开关实物接线图

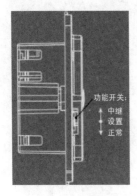

图 7-33　无线智能
调光开关功能图

（3）正常工作：将功能开关拨至"正常"挡，设备工作在正常模式。

图 7-33 所示为无线智能调光开关功能图。

5. 调试步骤

（1）注册系统标识码及单元码。

1）进入注册模式：把功能开关拨到"设置"挡。

2）注册系统标识码：按任意单元按钮，相应指示灯立即闪烁，表示设备已经进入设置状态。使用主控设备（如智能手持控制器或中控主机）进行注册系统标识码操作，注册成功后指示灯停止闪烁。

3）注册单元码：按下欲配置单元对应按钮，相应指示灯立即闪烁，表示设备已经进入设置状态。使用主控设备（如智能手持控制器或中控主机）进行注册单元码操作，注册成功后指示灯停止闪烁。重复该步骤直到该设备所有单元都被注册了同一楼层不同的单元码为止。

（2）完成注册。把功能开关拨到"正常"挡即可。

操作提示： 一个设备仅需配置一次"系统标识码"；若设备为多路单元，则每个单元必须配置在同一楼层的不同单元上；同一系统的不同设备不能配置相同的单元码。

（3）根据系统实际需要，如果该设备需要打开中继功能，则功能开关拨到中继挡即可（同一系统中只能有唯一一个带中继功能的设备）。

（4）用智能手持控制器或中控主机无线操作控制测试设备是否正常，主控设备能否显示该设备的状态变化。

（5）直接在该设备的面板按钮上操作测试其是否能正常工作，并能把状态信息反映在主控设备上。

6. 使用操作

（1）按钮操作。在正常模式和带中继模式下，单按面板按钮可切换灯具开、关状态（面板上对应的指示灯灭表示灯具为开启，反之为关闭）。当上次关灯时调光灯的亮度小于50%，则当次开灯以50%亮度打开，否则为上次关灯时的亮度打开。

（2）调光操作。长按面板按钮，灯具亮度将逐近调亮至最亮后再逐近调暗，若调至理想亮度则松开按钮即可。调节亮度时，对应的指示灯闪烁。

（3）无线操作：具体操作参考系统主控设备操作说明。灯被开启时，面板上对应的指示灯熄灭；灯被关闭时，面板上对应的指示灯亮。

7.3.4　无线智能空调开关

无线智能空调开关配合智能家居主控设备，实现了家用空调的无线遥控控制和智能化控制，给人们的生活带来极大的便利，如图7-34所示。

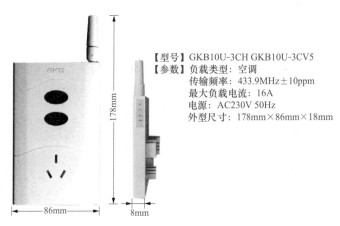

【型号】GKB10U-3CH GKB10U-3CV5
【参数】负载类型：空调
　　　　传输频率：433.9MHz±10ppm
　　　　最大负载电流：16A
　　　　电源：AC230V 50Hz
　　　　外型尺寸：178mm×86mm×18mm

图7-34　无线智能空调开关

1. 功能特点

（1）体积小，安装方便，可直接安装在空调旁的86×86底盒上。

（2）有多种控制方式，可以远距离无线控制和面板上的按键控制。

（3）远距离查看空调工作状态，控制时能返回当前状态。

2. 安装

图7-35所示为无线智能空调开关安装86×86底盒图。图中，L：220V相线，N：220V零线，E：地线。LD：无需连接。图7-36所示为空调安装接线图。

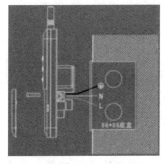

图7-35　无线智能空调开关接线实物图

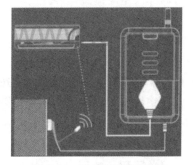

图7-36　空调安装接线图

提示： 红外发射头必须对准空调的红外接收窗。

安全提示： 设备为市电220V供电设备，应按220V电压安装规范进行安装和拆卸。

3. 调试步骤

（1）红外码学习。空调开关必须学习空调配套的遥控器，才能控制空调器。必须学习完"关""开16℃""开17℃"……"开30℃"，共16条红外码，才能进入正常工作模式。

1）红外码未学习状态：学习指示灯间隔5s闪烁一下。

2）红外码学习模式：学习灯常亮。

3）等待红外码状态：学习灯1s闪烁一次。

4）学习出错状态：学习灯快速闪烁。

（2）红外码学习步骤：

1）长按空调控制器面板上的"学习"按钮（3s）松开，"进入红外学习模式"。

2）按一下"确认"按钮，进入"等待红外码状态"。90s未学习到红外码，将超时退出。

3）将空调遥控器对准红外学习窗发出要学习的红外码。

举例：要学习"开17℃"红外码，应先将空调遥控器调到打开16℃，学习时按下空调原配遥控器上调温度按钮，发出17℃红外码。

4）若空调开关学习成功，回到红外码学习模式；若红外码学习出错，空调开关进入学习出错状态，在学习出错状态下按下"学习"按钮，进入"等待红外码状态"。重复2）、3）操作重新学习该条。

5）循环重复操作步骤2）、3）、4），依次成功学习"关""开16℃""开17℃"……"开30℃"等16条红外码。

6）按下"确认"按钮完成红外码学习，进入正常操作模式。用面板"开/关""上调""下调"按钮进行测试其是否能正常操作。

提示： 红外学习时，未开始学习红外码按下"返回"按钮，可无保存退出。学习红外码后，若按下"返回"按钮，则清除所有保存的红外码，进入红外码未学习状态，空调开关不能正常工作。

4. 智能空调控制配置

（1）注册系统标识码及单元码。

1）进入注册模式：长按"返回"按钮3s松开，注册指示灯闪烁。

2）注册系统标识码：使用主控设备（如智能手持控制器或中控主机）进行注册系统标识码操作，注册成功后指示灯熄灭并停止闪烁。

3）再次进入注册模式：长按"返回"按钮3s松开，注册指示灯闪烁。

4）注册单元码：使用主控设备（如智能手持控制器或中控主机）进行注册单元码

操作，注册成功后指示灯熄灭并停止闪烁。至此注册完成。

（2）用智能手持控制器或中控主机无线操作控制测试设备是否能受控，并主控设备能显示该设备的状态变化。

（3）直接在该设备的面板按钮上操作测试其是否能正常工作，并能把状态信息反映在主控设备上。

5. 使用操作

（1）无线操作：支持无线上调、下调，开启 26℃，关闭操作。详见主控设备说明书。

（2）按钮控制：面板按钮操作包括开启（默认为 26℃）、关闭、上调、下调操作。

（3）工作指示灯：空调器为工作状态时，工作指示灯亮。如果约 9s 内没有检测到空调开启，则指示灯熄灭，并把工作状态变化反映给主控设备。

7.3.5　无线智能控制插座

无线智能控制插座配合智能家居主控设备实现了家用电器的电源简单快捷控制，给人们的生活带来极大的便利，如图 7-37 所示。

无线智能控制插座的特点如下：

（1）体积小，安装方便，可直接安装到 86 底盒内。

（2）接收室内主控设备指令实现对电器的遥控开关、定时开关、全开全关、延时关闭等功能。

图 7-37　无线智能控制插座

（3）接收中心主控设备指令实现远程控制。

（4）主要用于控制电视机、音响、电饭煲、饮水机、热水器等电器设备。

（5）停电后再来电为关闭状态。

（6）技术参数：工作电压为：AC220V/50Hz，负载功率为 1200W。

图 7-38 所示为智能控制插座电路图，图 7-39 所示为智能控制插座实物接线图。

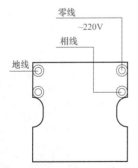

图 7-38　智能控制插座电路图

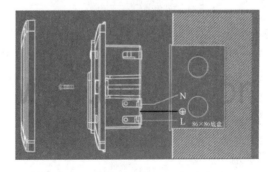

图 7-39　智能控制插座实物接线图

> ⚙ **安全提示：** 设备为市电交流 220V 供电，要按照强电安装规范进行安装和拆卸。

7.3.6 无线智能窗帘控制器

1. 功能特点

（1）体积小，安装方便，可以直接安装在 86 低盒内。

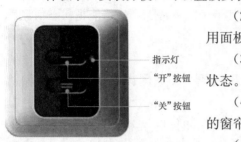

指示灯
"开"按钮
"关"按钮

图 7-40　无线智能窗帘控制器

（2）实现双重控制，能隔墙实施无线控制或使用面板上的触摸开关手动控制。

（3）当停电后再供电时，窗帘仍保持停电前的状态。

（4）具备校准功能，适合不同宽度（≤12m）的窗帘。

（5）基本工作参数：工作电压为 AC220V/50Hz，窗帘宽度≤12m。

图 7-40 所示为无线智能窗帘控制器，图 7-41 所示为无线智能窗帘控制器电路图，图 7-42 所示为无线智能窗帘控制器接线图。

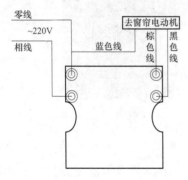

零线
~220V
相线
去窗帘电动机
蓝色线
棕色线
黑色线

图 7-41　无线智能窗帘控制器电路

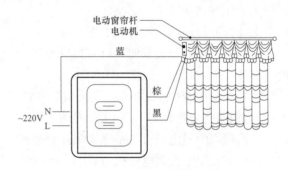

电动窗帘杆
电动机
蓝
棕
黑
~220V N
L

图 7-42　无线智能窗帘控制器接线图

　安全提示：　设备为市电交流 220V 供电，要按照强电安装规范进行安装和拆卸

2. 功能开关使用

（1）注册模式：将功能开关拨到"设置"位置挡，进入注册模式。

（2）中继模式：将功能开关拨到"中继"位置挡，即为本设备带有中继功能。

（3）正常工作：将功能开关拨到"正常"位置挡，设备工作在正常模式。

图 7-43 所示为无线智能窗帘控制器功能开关位置图。

3. 调试步骤

（1）注册系统标识码及单元码（只有注册了系统标识码才能进行无线控制）。

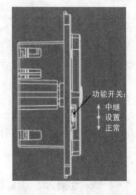

功能开关：
中继
设置
正常

图 7-43　无线智能窗帘控制器功能开关位置图

1）进入注册模式：把功能开关拨到"设置"位置。

2）注册系统标识码：按手持控制器任意按钮，两指示灯立即闪烁，表示已经进入设置状态。使用智能手持控制器或中控主机进行注册系统标识码操作，注册成功后指示灯停止闪烁。

3）注册单元码：按手持控制器任意按钮，两指示灯立即闪烁，表示已经进入设置状态。使用智能手持控制器或中控主机进行注册系统单元码操作，注册成功后指示灯停止闪烁。

4）注册完成后，把功能开关拨到"正常"位置即可。

（2）根据系统的实际需要，如果该设备需要打开中继功能，则功能开关就拨到"中继工作"模式。

（3）窗帘的校准。安装时需要根据不同的窗帘宽度来校准控制器。具体操作：先按"关"按钮，将窗帘全部关闭（如不能全部关闭时可以手拉使窗帘全部关闭）。同时长按面板上两个按钮 2s 以上再松开，两指示灯闪烁，即进入了校准模式。手动单按"开"按钮打开窗帘，在窗帘全部打开后立即再次单按"开"按钮，窗帘会立即停止，校准完毕。

（4）用智能手持控制器或中控主机，无线操作控制来测试电动窗帘是否受控，并主控机能显示其受控状态的变化。

（5）直接在无线智能窗帘控制器上操作测试其工作状态是否正常，并能在主控机上显示状态信息。

7.4　无 线 智 能 报 警 器

7.4.1　无线红外报警器

无线红外报警器由有线红外探头＋V8 无线收发模块组成，如图 7-44 所示。

1. 工作参数

（1）工作电压：直流＋12V。

（2）静态电流：40mA。

（3）报警电流：55mA。

2. 安装

图 7-44　无线红外报警器

无线红外报警器留有＋12V（红色线）和地线（黑色线）两条电源线，只需要外给其供 DC＋12V 电源即可。

（1）注册系统标示码和单元码。

1）进入注册模式：按下 V8 无线收发模块上的按钮，则 V8 无线收发模块上 LED 会每 1s 闪烁 1 次。

2）注册系统标识码：使用主控设备（如智能手持控制器或中控主机）进行注册系统标识码的操作，注册成功后，LED 会每 3s 闪烁一次（正常状态）。

3）再次进入注册模式：按下 V8 无线收发模块上的按钮，则 V8 无线收发模块上 LED 每 1s 闪烁 1 次。

4）注册单元码：使用主控设备（如智能手持器或中控主机）进行注册系统标示码的操作，注册成功后，LED 会每 3s 闪烁一次（正常状态）。

（2）注册完成后即可正常工作。

3. 使用方法

只需要注册到中控主机上就可以正常工作。无线红外报警器支持布防、撤防操作。在布防状态下，报警触发则发出无线报警信号，中控主机将处理报警信号。报警时 V8 无线收发模块上的 LED 快速闪烁。

7.4.2 无线瓦斯报警器

无线瓦斯报警器是工程上常用的一种称呼，它还可以称为 CH4 报警器、燃气探测器、可燃气体探测器等，如图 7-45 所示。无线瓦斯报警器主要功能是探测可燃气体是否泄漏。

常见的燃气包括液化石油气、人工煤气、天然气、甲烷、丙烷等。

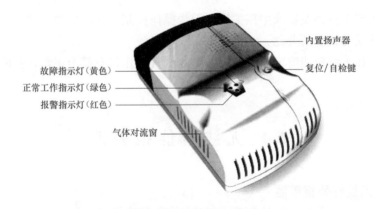

图 7-45　无线瓦斯报警器

1. 功能

无线瓦斯报警器就是探测燃气浓度的探测器，其核心部件为气敏传感器，安装在可能发生燃气泄漏的场所。当燃气在空气中的浓度超过设定值时，探测器就会被触发报警，并对外发出声光报警信号，如果连接报警主机和接警中心则可联网报警，同时可以自动启动排风设备、关闭燃气管道阀门等，保障生命和财产的安全。在民用安全防范工程中，它多用于家庭燃气泄漏报警。

（1）新增传感器漂移自动补偿功能，真正防止了误报和漏报。

（2）报警器故障提示功能，以便用户更换和维修，防止了不报。

（3）MCU 全程控制，工作温度在 -10~60℃。工作电压为 AC220V 或 AC110V、DC12~DC20V。

（4）附加功能：联动排气扇、联机械手、电磁阀。

（5）有线联网功能：（NO、NC）。

（6）无线联网方式：315MHz/433MHz（2262 OR 1527）。

2. 安装

（1）报警器安装位置：距离气源半径 1.5m 范围内，通风良好处：

1）天然气、城市煤气、一氧化碳、烟雾比空气轻，若检测天然气、城市煤气、一氧化碳、烟雾这几种气体，建议安装在距天花板约 0.3m 处。

2）液化气比空气重，安装在距地面约 0.3m 处。若检测液化气、一氧化碳、烟雾，由于一氧化碳是剧毒气体，且少量一点就会使人中毒以致死亡，故建议安装在距地面 1.4～1.7m 处。

（2）禁止安装位置：

1）柜内等空气不易流通的位置，以及易被油烟等直接熏着的位置。

2）在灰尘或悬浮颗粒较多的环境中，会造成烟雾报警器误报。

（3）禁止安装时间：

1）房屋未粉刷装修完的。

2）装修完房屋但全面通风不足 5 天的。

3）在房屋内打造木家具或购置新木家具，其全面通风不足 3 天的。

4）使用或喷雾的灭虫剂、空气清洁剂、胶水、发胶等，全面通风不足 4h 的。

以上禁止安装报警器，若已安装的，要为报警器断电，并用塑料袋之类的东西将报警器保护起来，足够通风时间后才能开启报警器，以免损坏报警器，造成误报（没有气体泄漏而报警），或者出现黄灯闪烁以至于报警器报废。

（4）安装要求：

1）报警器探头主要是接触燃烧气体传感器的检测元件，由铂丝线圈上包氧化铝和黏合剂组成球状，其外表面附有铂、钯等稀有金属。因此，在安装时一定要小心，避免摔坏探头。

2）报警器的安装高度一般应在 160～170cm，以便于维修人员进行日常维护。

3）报警器是安全仪表，有声、光显示功能，应安装在工作人员易看到和易听到的地方，以便及时消除隐患。

4）报警器的周围不能有对仪表工作有影响的强电磁场（如大功率电机、变压器）。

5）被测气体的密度不同，室内探头的安装位置也应不同。被测气体密度小于空气密度时，探头应安装在距屋顶 30cm 外，方向向下；反之，探头应安装在距地面 30cm 处，方向向上。

无线瓦斯报警器安装位置如图 7-46 所示。

3. 接线

控制器采用三芯屏蔽线与报警器连接（注：单芯线径不低于 0.75mm 国标线，依实际距离而定），将屏蔽层与控制器机壳相连并可靠接地。当采用 RVV 线缆时，应穿金属管并将金属管可靠接地，如图 7-47 所示。

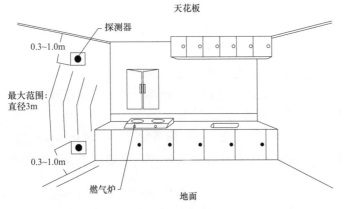

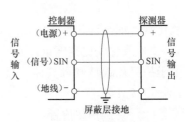

图 7-46　无线瓦斯报警器安装位置　　　图 7-47　无线瓦斯报警器的接线

 操作提示：（1）将输入控制器端子与报警器端子对应相接。

（2）输出端子与联动设备的连接。

（3）当排风扇等感性设备满足小于等于 5A/220V 条件时，可直接与输出端子相连，但尽可能地避免负载设备直接与输出端子相连，当负载设备大于 5A/220V 时，必须外接转接设备。

（4）控制器、报警器要保证可靠的接地。

（5）进行各种安装操作时，需先断电，否则可能会烧坏主机。

7.4.3　无线紧急按钮

无线紧急按钮配合智能家居系统的主控设备，实现了家居在紧急情况下发出紧急报警信号，中控主机将处理的报警信号，向警务管理中心求助。

1. 功能特点

（1）体积小，安装方便，可以将紧急按钮直接安装在 86 底盒内。

（2）低功率电耗，两节 7 号碱性电池可以使用 2 年；有欠电压指示功能，便于及时更换电池。

（3）适用于家庭居室、酒店卧房。

2. 安装调试

（1）强制。将功能开关拨到"强制"位置，进入 1、2 路强制布防工作状态，不处理主控机的撤防指令。

（2）注册 1。将功能开关拨到"设置 1"位置，进入注册 1 路模式，主控设备即进行注册操作（指示灯 1 每秒闪烁 2 次）。

（3）注册 2。将功能开关拨到"设置 2"位置，进入注册 2 路模式，主控设备即进行注册操作（指示灯 2 每秒闪烁 2 次）。

（4）正常。将功能开关拨到"正常"位置后，无线紧急按钮工作在正常模式。

（5）注册系统标识码和单元码。

1）进入注册模式。把功能开关拨到"注册1"位置。

2）注册系统标识码。相应的指示灯闪烁，表示已经进入设置状态。可使用智能手持控制器或中控主机进行注册系统标识码操作。注册成功时蜂鸣器"哗"一声提示注册成功。

3）注册单元码。可使用智能手持控制器或中控主机进行注册系统单元码操作。注册成功时蜂鸣器"哗"一声提示注册成功。

4）如果通过报警盒为一路，则注册完成，可把功能开关拨到"正常"位置（也可以根据需要拨到"强制"位置）。

5）继续进入注册模式。把功能开关拨到"注册2"位置。

6）注册单元码。可使用智能手持控制器或中控主机进行注册系统标识码操作。注册成功时蜂鸣器"哗"一声提示注册成功。

7）把功能开关拨到"正常"位置（也可以根据需要拨到"强制"位置）即完成注册。

无线紧急按钮功能开关如图7-48所示，无线紧急按钮的安装图如图7-49所示。

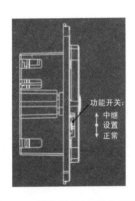

图7-48 无线紧急按钮功能开关

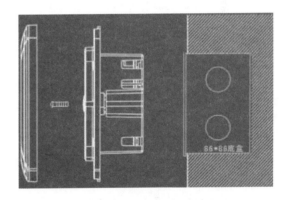

图7-49 无线紧急按钮的安装图

第**8**章

典型智能家居系统安装使用疑难问题

🔍 **重点内容：**以安卓智能家居控制系统为例，下面来介绍一下典型智能家居系统安装使用常见的一些问题。

1. 智能家居系统到底能实现什么功能？

答：智能家居系统可以让用户通过手机、平板电脑、PC 对家用电器的本地或远程控制，这是最基本功能。更重要地是它能实现智能化地自动控制家中的一切电器设备，而无需人为地进行操作。

🔧 **情景浮现：**能一键关闭家中所有的电器设备或打开若干个灯光、电视机、空调器等；每天早晨定时拉开窗帘，早餐时播放动听唯美的背景音乐；当外出时，实现对家里一切事物的监控，在外地一样可以看到家中的场景。

2. 智能主机通过网络来连接的话，是不是要留很多网线接口？

答：主机通过有线网络和路由器相连，但主机和各个终端设备全部是采用无线网络进行连接的，所以只需要给智能家居控制主机留好一个网络接口即可，可以直接和路由器进行相连。

3. 如果用户在家可以做控制，那当不在家时怎么控制呢？

答：如果用户不在家，在地球上任何一端，只要手机或计算机能够接入网络，便可以实现对家中电器的控制、家中环境的监控。

4. 比如系统的定时控制功能，是在系统安装时就设置好的呢？还是到使用时候自己设置呢？

答：智能家居系统的定时控制功能，完全由用户自行设定，设定的界面也非常直观及人性化，只要进行打勾和时间上的输入即可完成配置。定时功能配置一次，那么便会自动周期性地执行，就像设置手机的闹钟一样的简单。

5. 报警或安防系统的功能，用户不在家时系统如何告知用户呢？

答：如果用户不在家，当家中所出异常情况，主机会自动通过打电话或发短信的方式通知用户。

6. 在用户回家之前定时把电饭锅设置好可以吗？还有每天定时控制热水器烧水可以自行设置吗？

答：可以设置好定时功能，到设置时间后，控制电饭锅的无线插座即可实现定时煮饭。同样的，每天定时烧开水也可以实现。定时的时间可以由用户自行设定，需要做什么事情也完全由用户来进行设定，所以完全是自由化的设置模式，充分体现了主机的自由化和灵活性。

7. 智能家居系统除了一次性购买设备和安装外，平时操作过程中会产生费用吗？

答：对于智能家居设备，除了采购和安装时的花费，平时的操作几乎不产生任何费用。

例如，当用户想让主机打电话或发短信时，才扣取相应的通信费，收费标准和手机用户使用一模一样。如果用户不使用通话或短信的功能，那就根本不会产生任何的费用。

8. 如果配置一套比较全的智能家居系统和设备，大概费用在多少？

答：具体的费用，根据用户的房屋结构和选配的附件数量有关。如果只是最简单地控制灯光、电视机、空调器、音响等设备，基本上就是一个主机加上红外线转发器及灯光控制面板的费用。当然，如果用户需要配置得比较豪华，配件要做得比较齐全，那么费用是成正比的。

9. 智能家居系统产品的厂家负责安装吗？

答：厂家提供全部安装，现场安装工程师可以教会用户全面的使用方法。

10. 如果老人一个人在家，有什么功能和办法可以帮用户监测？

答：可以使用网络摄像头来进行查看家中事物和老人情况。同时，摄像头还具备监听功能，可以在办公室随时监听家中情况。

情景浮现： 可以给老人配上一个一键紧急按钮，万一遇到突发性事件，只需要按动手中遥控器的按键，主机便会自动打电话或发短信给子女进行通告。

11. 如果家中有三、四台空调，怎么知道自己要控制哪一台，是不是一开就全部都开了？

答：智能家居系统的主机是数字式的，每台设备都有一个唯一的地址码进行识别控制，就算家中安装了 10 台空调，也不会出现混乱的情况。

12. 电动窗帘除了用电去控制，如果平时手动去拉，会不会被弄坏？

答：电动窗帘不仅可以通过电的方式自动控制，也可以通过手拉的方式进行操作，不会对控制电动机有任何影响。

13. 如果家中已经装好窗帘，现在要装电动窗帘，是不是要重新换轨道？

答：可以在原来轨道的下方安装电动窗帘专用轨道，或者将原来的窗帘杆进行拆除即可。电动窗帘的轨道安装也很简单，通过顶部的螺钉固定即可，电动机直接垂直扣在轨道上，隐藏在角落。

14. 遥控器的功能是不是之前也要设置好了才能用，方便老人操作吗？

答： 所有的按键需要进行一次学习和配置，配置完成后，无需再进行任何配置操作。学习的过程，只是用真实遥控器对准红外线转发器按一下按键而已，也是非常快速的。学习的过程无需老人去操作。

> ⚙ **情景浮现：** 老人只要按手机屏幕上相应的键就可以。或者老人不习惯用手机，也可以使用手持式无线遥控器，实现一键开关电器设备，而无需看个电视节目还逐个遥控器换着按按键。这一切都只需要通过电脑端软件进行简易的配置和设定即可。

15. 现在墙上的开关面板被换成无线智能开关面板了，还能当普通开关来使用吗？

答： 完全可以，而且更换后的无线智能开关变成了触摸型，晚上开关还带夜光；更有高档次的感觉，不仅可以通过手机或电脑来控制，平时习惯用的手动操作模式也同样适用，老少皆宜。

16. 能不能有这样的设置，感应到有人走过来了，就会自动打开灯，方便晚上的行动？

答： 配上人体红外探头，再进行相应的设定即可实现这样的功能。

17. 成套智能家居系统的耗电量大吗？

答： 智能家居系统主机所耗的电能非常低。

18. 住宅的面积大，离得远能控制吗？

答： 别墅也同样适用于智能家居系统主机的。对于距离远信号弱的地方可以安装中继器进行信号增强，可以达到控制效果，所以控制几百平方米完全没有问题。

19. 一套房子要装几个红外线转发器？

答： 这个要取决于房间的数量。红外线转发器需要在每个房间内安装一个。当然，如果房间内没有红外线家电设备需要进行控制，那就不用装红外转发器了。

20. 红外线转发器的信号覆盖很强吗？

答： 足够强，都是经过实测和长期使用的结论。

21. 智能系统的中继器是用什么线和主机连接的？

答： 中继器和主机之间是无线的，不需要任何连接线，只要将中继器插上外接电源即可工作。中继器可以放在信号盲区或临界点。

22. 红外线转发器在安装时埋什么线？

答： 不用预埋特别的线路，按传统装修风格即可使用。如果需要安装电动窗帘，只要在窗帘控制面板处留相线和零线即可。如果需要安装红外线转发器，只需要预留一个220V电源插座即可。通过有线方式和路由器进行连接，其他的控制方式全部使用无线方式，同时有丰富的配套资源可供使用，装修布线方式和传统型的完全相同。无线遥控开关、插座均由86型面板提供，可以直接代替墙面上的开关面板，比如一路的开关，就是一条"相线"进、一条"相线"出，和传统的开关面板接法完全相同。

23. 对于86型315m单路学习型触摸屏无线遥控开关，是否开关一装上就可以自动连主机，还是需要设定才能使用？

答： 安装上面板后，需要进行主机与面板之间的学习和配对操作。

24. 智能家居系统可以控制中央空调吗？

答： 家中的中央空调只要带了红外线遥控器的，就可以通过主机进行控制。

25. 主机会自己打电话出来吗？打给谁？会说啥？

答： 主机可以由用户进行设定情景模式，可以让主机自动打电话或发短信给用户。打给谁，看预先设置好的电话号码，通话时不会出声，用户可以接到来自主机手机号码的来电。

26. 安卓居智能家居控制主机有没有给苹果 iPad 开发客户端软件？

答： 安卓居智能家居提供了苹果 iPhone、iPad 和安卓软件的客户端软件，而且可以免费使用。

27. 只要频率一致的无线人体红外线传感器，无线门磁都能和 KBD－Ⅲ 通信？

答： 只要频率一致、编码方式一样的传感器均可以和智能主机进行配合使用。

28. 怎样才能知道无线传感器是 2262 编码？

答： 用户可以看产品外壳上的标签，也可以打开无线传感器的外壳，看内部芯片型号。无线传感器在使用前也需要打开外壳进行内部跳线的设置。

29. iPad 客户端软件是免费的吗？

答： 安卓居智能家居厂家提供的客户端软件全部免费使用，用户可以在苹果商店中搜索"智能家居控制系统"。

30. 下雨天可以自动关闭窗户吗？

答： 可以实现，安装好开窗器以及相应的雨水传感器即可。

31. 无线距离有多远？

答： 空旷地可达 4000m。

32. 智能家居系统是连接什么上进行操作的？

答： 手机、平板电脑、PC 软件是通过 IP 地址或域名的方式和主机相连的。

33. 如何控制家中电器，如电饭煲？是不是还要给电饭煲上面安装东西？

答： 主要通过无线和红外两种方式对家中电器进行控制。无线指的是开关通和断的控制，红外指的是模拟遥控器实现红外线的控制。如果要控制电饭煲，只需要安装一个无线插座即可，将电饭煲的插头再插到无线插座上就行。

34. 安卓的智能家居主机采用什么无线协议？

答： 安卓主机使用的是 2262 或 1527 编码。

35. 主机能增加无线编码吗？

答： 主机可以定期进行更新，可以升级功能或增加无线编码。如果增加了编码，只要将主机进行刷机软件更新即可。

36. 家中一定要有宽带网才可以安装智能家居系统吗？

答： 如果家中有宽带网，就可以在任何地方控制家中的电器设备，因为主机可以接入互联网。如果家中没有宽带网，那只能用在家中控制电器设备。

37. 家中是不是要有电脑一直开着才可以正常使用？

答： 智能家居主机只需要通过网线连接路由器，而无需将电脑一直开着。主机本身就是一台服务器。

38. 可以通过哪些方式来控制家中的电器设备？

答： 通过红外线或无线方式控制。

39. 家中的电器设备要怎么安装呢？

答： 电器设备不用做任何安装改变。

40. 红外线转发器要装在哪里？距离有多远？

答： 可以装在任何地方，原则上只要红外线转发器和家电设备之间无遮挡即可，就像手拿遥控器需要对准电视机按键一样。红外转发器到家电设备的距离最远可以达 10m 左右，红外转发器和主机之间的距离如果在空旷地可以达 4000m。

41. 如果已经装修好的房子，还能安装吗？

答： 可以安装的，智能家居系统的设备全部是无线通信的，无需布线。

42. 对于已经装修好的房屋，或已经装好开关面板和插座的房屋，应该怎样处理？

答： 直接替换原先的面板即可，原面板和插座可以保留着。

43. 一台智能家居主机，可以由多个人控制吗？

答： 没有数量上的限制。

44. 如果通过手机或平板电脑远程控制，距离有多远？

答： 只要手机或平板电脑可以上网，就可以在任何地方进行控制，距离没有限制。

45. 如果控制 4~5 个家电设备，要多少钱？

答： 要看具体控制对象，例如在一个房间内需要控制电视机、机顶盒、蓝光灯、空调器，那么只要安装一个红外线转发器即可实现控制；在一个房间内，不管设备有多少，都可以进行控制。

46. 智能家居主机可以 24 小时连续工作吗？

答： 智能家居主机具有长时间不休息的工作能力，而且具有设计独特的定时重启休息功能，确保主机的睡眠期。

47. 主机可以配哪些终端附件使用？

答： 可兼容的配件非常多，如摄像头、开关面板、插座面板、调光面板、电动窗帘、开窗器、安防传感器、燃气阀、电磁阀、遥控器、信号中继器，等等。

48. 如果用户自行选择主机配件，要怎么选？

答： 自行选配件遵循配件的频率和编码一致的原则即可。

49. 智能家居主机可否一键开启多个设备吗？

答： 最多支持一键开启/关闭 10 个设备。

⚙ **情景浮现：** 可一键开启投影幕布，功放（功放选择电影模式），HTPC 主机、低音炮；要唱歌要开投影机，功放（功放选择唱歌模设）关掉 HTPC 主机，开启点歌机，关闭低音炮；然后想看电视了，要收起投影机幕布，关闭投影机，打开电视机和机顶盒。

50. 有些房屋在过道墙上有一个液晶触摸终端，这个终端可以实现场景、灯光、背景音乐、安防等控制。安卓系统可不可以也装一个类似的液晶触摸屏？

答： 可以直接使用安卓和苹果的平板电脑预装的控制软件即可，iPad 可以立即升级成触摸终端。

51. 如果把智能家居中的设备用在农业工控方面，是否可行？

答： 可以应用于农业灌溉、养殖系统及工业控制系统。

52. 主机无线发射辐射大吗？对人体有影响吗？

答： 智能家居主机的辐射基本可以忽略不计。主机平时都不会发射无线信号，只有在控制时，发射短暂的零点几秒信号，而且发射时的功率比手机要小得多。

53. 智能家居主机背后有三个天线孔，怎么安装天线？

答： 天线 1：315MHz 频率天线。天线 2：433MHz 频率天线。天线 3：GSM 手机卡天线。

54. SIM 卡座起什么作用？如果不插卡可以使用吗？SIM 卡需要产生费用吗？

答： 插入 SIM 卡后，主机可以实现发短信、打电话对电器设备进行控制；同时，也可以起到安防的作用，主机可以自动发短信或打电话给用户进行报警提示。

55. 家用版的主机和工控版本的有什么区别？

答：（1）工控版具有家居版的全部使用功能。

（2）工控版的无线发射可以同时使用 315MHz 和 433MHz 发射频率，家居版只有一种频率供使用。

（3）家居版为全无线方式控制，工控版增加了 8 路有线继电器输出、1 路报警喇叭输出。

（4）工控版增加 8 路有线输入端子，可以连接有线传感器，输入信号可以是数字开关量也可以是 0～5V 模拟量，具体通道设置由用户进行配置。

（5）工控版带无线监听功能，可以远程通过拨打 GSM SIM 卡号码实现远程环境声音的监听。

（6）家居版采用塑料外壳，工控版采用工控专用铁质外壳。

56. 智能家居主机需要安装在什么位置？

答： 主机可以安装在任何地方，只要有网线即可。如果主机使用 GSM 功能，又想将主机放置在金属的且完全密闭的空间内，要使用 GSM 外置延长天线，将 GSM 天线放置在密闭空间外。

57. 为什么主机使用有线方式连接，而未使用 WiFi 无线连接的方式？

答： 主机追求的是稳定第一的原则，WiFi 信号有时候不排除路由器不稳定的因素，有线网线的连接方式是最稳定可靠的。如果想给有线网络的主机升级成 WiFi 版主机，非常简单，只要再增加一个无线路由器即可。

58. 红外线转发器起什么作用？

答： 红外线转发器用来发射红外线信号去控制电器设备，可以把它想象成一个万能的遥控器。它是由主机来控制并发射红外线信号，从而实现对电器设备的控制的。

59. 如何选择安装红外线转发器?

答:必须配选科比迪智能家居的红外线转发器即可。

60. 一个红外线转发器最多可以学习多少个遥控器按键?

答:一个红外线转发器可以学习 64 个遥控器上的按键。

61. 红外线转发器是如何供电的?

答:220V 市电直接供给。

62. 目前有哪些平板电脑和手机可以预装软件进行控制?

答:只要是安卓和苹果系统的平板电脑和手机都可以使用。

63. 如果是别墅使用或者多个楼层的房屋使用时,需要安装信号中继器吗?

答:如果别墅楼层有 2 或 3 或 4 层,一般来说可以不用信号中继器,除非特殊情况(有信号盲区),那再安装信号中断器。

64. 中继器应如何使用和放置?

答:接上外接电源,直接放置在任何地方均可。

65. 如何选配和安装智能开关、插座面板?

答:智能开关面板有 1、2、3、4 键四种,用户可以根据实际的情况选择不同的面板。插座面板上的插座为万用插座,既可以插三相插头,也可以插两相插头。

66. 电动窗帘要如何选配配件?

答:首先确认家中窗户的开合方式,是中间向外拉开,还是往一个方向拉开;轨道是双轨,还是单轨。然后确定电动窗帘的轨道长度进行量身订制,因为每户家庭的轨道长度各不相同。轨道确定了,那还需要配上电动机和窗帘控制面板,总共由三部分组成。

67. 如何选配开窗器?

答:需要电动开窗户时,主要由开窗器和窗户控制面板组成,准备好这两样部件即可。

68. 调光面板可以控制哪些灯源?

答:调光面板可以控制白炽灯、LED 灯等任何适合电压调整的灯源,节能灯和荧光灯不能被使用。

69. 调光面板接线方式如何?

答:调光面板分两种,一种是零相线的,需要接上零线和相线;另一种是单相线的,和开关面板的接法相同。

70. 智能控制主机可以连接多少个网络摄像头?

答:数量没有限制,连接几十个摄像头都可以。

71. 网络摄像头防水吗?

答:网络摄像头分室内和室外两种版本,室外的摄像头均为防水型。

72. 可以通过手机进行远程视频监控吗?

答:可以使用 WiFi 或 3G 上网均可。

73. 摄像头可以进行录像存储吗?

答:根据摄像头的配置参数,可以将视频录像至电脑硬盘或摄像头自身的 SD 存储卡上。

74. 摄像头清晰度如何？通过 3G 网络访问流畅性如何？

答：摄像头分 30W 和 130W 两种像素，其中 130W 的清晰度很好。通过 3G 网络访问也可以得到一个比较好效果。

75. 摄像头使用什么方式来登录访问？

答：可以使用 IP、多域的方式进行登录，摄像头自身都会带一个免费域名直接访问使用。

76. 远程访问摄像头进行视频监控观看费流量吗？

答：如果通过 WiFi 方式来看，那完全是免费的；如果用 3G 方式来浏览，就需要相应的流量费用，具体可以选择合适的手机流量套餐。

77. 晚上是否也可以进行摄像头监控观看视频？

答：因为摄像头带有红外夜视功能，会根据环境光线的强弱，自动开启红外光为夜视提供方便。

78. 安防报警传感器内部的跳线帽应该如何设置？

答：传感器内部有地址码的设置跳线帽。

⚙ **操作提示：**它们必须接高电平或低电平处，不可以悬空引脚，即不接高电平也不接低电平。

---

79. 主机可以接收多少路安防报警传感器？

答：可以接 200 路无线安防传感器。

80. 如何安装和使用电磁阀？

答：电磁阀和普通阀门的安装一样，都是带螺纹的，和普通的水管或气管相连即可。当通电时，水或气体可以通过；当断电时水或气体不能通过。

81. 燃气切断阀安装方便吗？需要改管路吗？

答：安装很方便，只要直接架接在现有的阀门手柄上即可，原有管路无需进行任何改动。只要燃气切断阀一有电，阀门便会自动关上。

82. 背景音乐系统可以由主机来控制吗？

答：只要背景音乐系统自带遥控器，就能被主机控制。任何带红外遥控器的设备均能被主机控制。

83. 背景音乐系统安装方便吗？

答：背景音乐系统是 86 型标准的面板，可以像开关面板安装一样直接嵌入墙上。

84. 如何通过 KBD-Ⅲ 主机实现红外线遥控电器设备？

答：对于带红外遥控器的电器设备，主机通过红外线转发器来进行遥控。所以在每个房间内放置一个红外线转发器，转发器和主机之间隔墙放置没有问题，但转发器到被控设备之间不能有遮挡，就像人们用家电设备的手持式遥控器一样的道理。转发器充当了遥控器的功能。

85. 主机使用的 SIM 卡的使用有何要求?

答: 在使用前需要先插入一张移动或联通的 SIM 卡（非 CDMA 卡），而且这张卡是主机所在城市当地的卡，卡需要具有来电显示功能，就是普通手机上使用的 SIM 卡，资费标准和在手机上使用时相同。插入 SIM 卡后上电，直到主机前面板黄灯常亮，表示系统已启动完成，此时可以进行其他操作。如果是普通的版本，不带 GSM 功能，则可以不用插 SIM 卡。

86. 如何通过远程访问主机?

答: 用户可以使用免费的动态域名服务（如国内的域名供应商：花生壳）。申请一个免费域名，并通过路由器将域名进行绑定，同时设置好端口转发功能，即访问公网的 IP 或域名，直接会转发到主机的 IP 地址。需要对端口号和 IP 地址进行转发设置。主机默认的 IP 地址是 192.168.1.200 端口是 5000。如果用户不确定，可以通过安卓系统的扫描工具来查询主机的各项参数。

87. 如何使用手机进行远程控制?

答: 可以预装手机版软件来控制。如果非智能手机或不想通过手机上网的方式来控制，支持发短信和打电话的方式进行控制，用户可以使用发送预置好的短信内容和直接拨打电话的方式进行远程遥控。不管手机是否能上网，均可使用远程控制。

88. 主机的软件升级和功能更新了怎么办?

答: 主机厂家根据用户的意见会定期对软件进行更新、完善，同时也会不断增加新的实用功能，并提供主机固件的刷机软件。手机软件和 PC 软件产品厂家可以更新后发放给广大用户免费使用。当主机芯片内部固件更新时，一般常见的方法是将主机寄回生产商进行固件升级更新。

安卓系统有对主机远程升级的功能，主机固件底层软件的更新也无需将主机寄回，只要通过网络就可以进行远程升级和更新。同时也可以自行修改 PC 软件上的标题文字以及欢迎信息，充分体现个人性的界面。当 PC 软件设置好标题后，手机或平板电脑则无需进行重复设置，只要直接登录主机即可同步更新到手机或平板电脑界面上。

参 考 文 献

［1］ 国际铜业协会电气安全与智能化项目组. 家庭电气设计与安装. 北京：中国电力出版社，2009.

［2］ 杨清德. 家装电工技能直通车. 北京：电子工业出版社，2011.

［3］ 辛长平. 建筑电工实战技能 400 例. 北京：中国电力出版社，2014.

［4］ 周志敏. 图解家装电工技能一点通. 北京：机械工业出版社，2014.

［5］ 辛长平. 手把手教家装电工操作技能. 北京：中国电力出版社，2015.